南方电网抽水蓄能电站
典型工程建设总结

南方电网能源发展研究院有限责任公司　编著

中国电力出版社
CHINA ELECTRIC POWER PRESS

图书在版编目（CIP）数据

南方电网抽水蓄能电站典型工程建设总结 / 南方电
网能源发展研究院有限责任公司编著 . -- 北京：中国电
力出版社，2025. 6. -- ISBN 978-7-5239-0012-3

Ⅰ. TV743

中国国家版本馆 CIP 数据核字第 2025LX3544 号

出版发行：中国电力出版社
地　　址：北京市东城区北京站西街 19 号（邮政编码 100005）
网　　址：http://www.cepp.sgcc.com.cn
责任编辑：岳　璐
责任校对：黄　蓓　马　宁
装帧设计：郝晓燕
责任印制：石　雷

印　　刷：三河市航远印刷有限公司
版　　次：2025 年 6 月第一版
印　　次：2025 年 6 月北京第一次印刷
开　　本：787 毫米 × 1092 毫米　16 开本
印　　张：7.25
字　　数：111 千字
印　　数：0001—1000 册
定　　价：45.00 元

编 委 会

前　言

在全球能源结构转型的大背景下，发展清洁能源、提高能源利用效率已成为国际社会普遍关注的焦点。作为世界上最大的发展中国家，中国面临着巨大的能源需求增长压力，同时也肩负着减少温室气体排放、应对气候变化的责任。在此形势下，国家提出了构建清洁低碳、安全高效能源体系的战略目标，并将大力发展包括风能、太阳能在内的可再生能源列为重要任务之一。然而，由于这些新能源发电方式存在间歇性和不稳定性的问题，如何有效解决电力系统的调峰问题成为了亟待突破的关键瓶颈。

抽水蓄能电站因其独特的工作原理——利用电网负荷低谷期的剩余电能将水从低位水库抽至高位水库储存，再于用电高峰期释放水流经涡轮发电机产生电能，以此实现电能的时间转移，达到削峰填谷的目的，从而成为理想的电力系统调峰手段。它不仅将电网负荷低时的多余电能，转变为电网高峰时期的高价值电能，还适用于调频、调相，稳定电力系统的周波和电压，且宜为事故备用，这种电站不仅能够有效提高电力系统的运行效率、灵活性和稳定性，还能促进风能、太阳能等间歇性可再生能源的大规模接入，对于构建清洁低碳、安全高效的现代能源体系具有重要意义。抽水蓄能电站作为调节电力系统供需平衡的重要手段，其建设与发展受到了广泛关注。基于此，中国政府高度重视抽水蓄能电站的建设与发展，将其纳入了国家能源战略规划之中。

20 世纪 80 年代中后期，随着改革开放带来的社会经济快速发展，我国电网规模不断扩大，广东、华北和华东等以火电为主的电网，由于受地区水力资源的限制，可供开发的水电很少，电网缺少经济的调峰手段，电网调峰矛盾日益突出，缺电局面由电量缺乏转变为调峰容量也缺乏，修建抽水蓄能电站以解决火电为主电网的调峰问题逐步形成共识。随着电网经济运行和电源结构调整的要求，一些以水电为主的电网也开始研究兴建一定规模的抽水蓄能电站。为此，国家有关部门组织开展了较大范围的抽水蓄能电站资源普查和规划选点，制定了抽水蓄能电站发展规划，抽水蓄能电站的建设步伐得以加快。20世纪90年代，随着改革开放的深入，国民经济快速发展，抽水蓄能电站建设也进入了快速发展期，广东省第一个抽蓄电站——广州抽水蓄能电站开始兴建，至此，广东省拉开了抽水蓄能电站的发展序幕。

我国抽水蓄能电站的建设起步较晚，但由于后发效应，起点却较高，从20世纪80年代至今，南方电网抽水蓄能电站的建设已迎来翻天覆地的变化。南方电网辖内几座典型的抽水蓄能电站很好地展现了国内抽水蓄能电站的发展进程。广州抽水蓄能电站打破了国外的设计技术垄断，惠州抽水蓄能电站更是迈出自主设计发电机组的第一步，清远抽水蓄能电站展现了国内工程建设水平的飞速提升，深圳抽水蓄能电站实现了超大型城市内大型抽水蓄能电站的突破，梅州（一期）抽水蓄能电站更是创下国内最短建设工期纪录。

在每个抽水蓄能电站的建设过程中，都面临着建设年代背景下的诸多困难与挑战，而每一个抽水蓄能电站的建成，也都是一次宝贵而深刻的建设经验，本书对南方电网典型抽水蓄能电站工程建设项目进行总结，通过回顾项目建设过程中的关键环节与技术挑战，分析项目实施中遇到的主要问题及解决方案，总结项目建设经验及启示，为后续类似项目的规划、设计、施工及运营提供参考，共同推动我国乃至全球能源行业的创新发展。

《南方电网抽水蓄能电站典型工程建设总结》不仅详细记录了项目建设过程中的突出亮点及特点，更深入探讨了其中涉及的关键技术和管理经验，兼具理论深度和实践指导意义。我们希望本书的出版能够为广大读者提供有益的信息和启示，进一步推进新型电力系统的发展，迎接更加绿色、清洁、可持续的未来。

编者

2024 年 11 月

目录
CONTENTS

第 1 章

广州抽水蓄能电站

——首个我国自行设计和施工的电站

广州抽水蓄能电站（简称"广蓄电站"）首台机于 1993 年 6 月投产，全厂总装机容量 240 万 kW，是我国自行设计和施工的第一座高水头、大容量的抽水蓄能电站。

1.1 工程概述

1.1.1 工程背景

　　广东省自实行特殊的经济政策后，工农业生产发展较快，电力负荷急剧增长，峰谷差悬殊，最小负荷率低（$B=0.51$）；广东电网以火电为主，而大多数火电机组为最小技术出力很高的高温高压凝汽式燃煤机组，只宜安排在基荷运行；同时，大亚湾核电站投产后，从安全经济出发也只适宜于基荷运行。因此，为了增加网内调峰容量，配合核电和大容量火电站建设，迫切需要在靠近负荷中心的广州附近兴建抽水蓄能电站。电站投入系统后起到调峰、填谷的作用，使核电站长年满载运行，可把低谷电量变为调峰电量（2000 年水平可将 31.38 亿 kWh 低谷电量变为23.8 亿 kWh 高峰电量），可增加售电收入；比火电调峰经济；还能改善系统经济运行条件（2000 年水平可节约年运行费折合标准煤约 100 万 t，多利用弃水电量约 9亿 kWh），为系统提供备用容量，动态效益、经济效益和社会效益均十分显著。广蓄电站示意图见图 1–1。

　　广州抽水蓄能电站位于从化区南昆山脉北侧，属于纯抽水蓄能电站，是大亚湾核电站、岭澳核电站的配套工程，为保证核电站的安全经济运行和满足广东电网填谷调峰的需要而兴建。电站内气候温和，雨量充沛，盛产毛竹，原始次生林茂盛。

图 1-1　广蓄电站示意图

1.1.2 建设规模及枢纽布置

广州抽水蓄能电站由广东省水利水电勘测设计院设计；经过投标招标，中国水利水电第十四工程局有限公司等单位承担施工任务，由中国水利水电建设工程咨询公司中南分公司承担工程监理，于 1988 年 3 月由广东省计委批准进行开工准备，总共分两期建设，一期工程装机 120 万 kW，年发电量 23.8 亿 kWh，于 1988 年 9 月开工，1989 年 5 月主体工程正式开工，1993 年 6 月第一台机组发电，1994 年 3 月全部建成。二期工程装机 120 万 kW，年发电量 25.089 亿 kWh，于 1994 年 9 月正式开工（主体工程开工），1999 年 4 月第一台机组发电，2000 年 6 月 4 台机组全部投入商业运行。从 1988 年 7 月 10 日施工准备开始至 2000 年 3 月 14 日 8 号机投产，整个电站建设总工期为 142 个月。

广州抽水蓄能电站总投资 60.9 亿元人民币，面积 27km²，主要由上下水库，两个地下厂房和 30km 的地下各种通道构成，枢纽工程十分宏伟壮观。上下水库水域面积 740 万 m²，积雨面积 1940 万 m² 上水库海拔 900m，位于召大水上游的陈禾洞小溪上，下库海拔 270m，位于九曲水上游的小杉盆地，均属流溪河水系，上下水库落差 630m，绿地面积 2428 万 m²。地下厂房装有引进法国、德国的 8 台单机容量为

30 万 kW 具有水泵和发电双向调节能力的可逆式抽水蓄能发电机组，电站总装机容量 240 万 kW，在同类型电站中也是世界上规模最大的。

广州抽水蓄能电站枢纽由上水库、引水隧洞、上游调压井、高压隧洞（管道）、地下厂房系统、尾水调压井和尾水隧洞等组成。上、下水库正常蓄水位分别为 810m 和 283m，库容分别为 1700 万 m^3 和 1750 万 m^3，有效库容均为 1000 万 m^3；大坝均采用钢筋混凝土面板堆石坝，坝顶高程分别为 813m 和 286.3m，坝轴线处最大坝高分别为 60m 和 37m，坝顶宽 8m，上、下游坝坡均采用 1∶1.4。上水库采用侧槽式岸边溢洪道，侧堰宽 40m，堰顶高程与正常水位齐平，不设闸门，自由溢流；下水库右坝头设两孔每孔宽 9m 的有闸门控制的侧槽式岸边溢洪道，堰顶高程 281m，在溢洪道左侧设置直径为 1m 的放水底孔。水道系统采用 1 洞 4 机的供（排）水方式；引水隧洞自进水口至上游调压井长约 925m，衬砌内径 9m；上游调压井采用阻抗式、大井内直径 18m，连接管内直径 9m，最高涌浪 825m，最低涌浪 787.31m；压力隧洞在调压井后采用斜井布置，进厂前 1 洞分岔为 4 支洞，总长度 1395.4m，主管内直径 8.5~8m；4 条尾水管合为 1 条进入尾水调压井，尾水调压井也为阻抗式，大井内直径 20m，连接管内直径 9m，井顶高程 313m，井底高程 250m；尾水隧洞自尾水调压井至下游出口长约 1230.7m，衬砌内直径 9m。

枢纽工程的主要工程量为土石方明挖 226.12 万 m^3，石方洞挖 180.72 万 m^3，土石方填筑 64.24 万 m^3，混凝土浇筑 44.9 万 m^3，淹没耕地 89 公顷，人口迁移 1004 人。

1.2 项目突出亮点和特点

1.2.1 中国自行设计和施工的第一座高水头、大容量抽水蓄能电站

广蓄电站是中国自行设计和施工的第一座高水头、大容量抽水蓄能电站。建设机组 8 台，总装机容量达到 240 万 kW，上下水库落差 630m，是 20 世纪 90 年代世

界上规模最大的同类型电站之一。

1.2.2 吸纳先进的工程管理模式，提升管理水平

在国内大型水电项目中率先实行股份制集资建设的模式，建设管理体制进行重大改革。集资三方股东按股份比例派员组成董事会作为电站建设与经营的最高决策机构，广蓄联营公司则是在董事会领导下的企业法人机构，行政关系归口广东省电力局管理，实行总经理负责制，按董事会授权，全权策划组织电站建设。工程在国内大型水电建设项目中，率先实行"业主责任制""招标投标制""建设监理制"，通过投标择优选聘成建制的监理单位，根据业主授权，监理单位代业主施行工程建设的进度、质量、安全和合同管理，并参与业主对工程建设中一些重大技术问题的决策，为优化设计、监理施工，提供决策参考意见；通过招投标，利用竞争机制择优选择施工单位，签订施工承包合同，按合同进行工程施工管理。其中以"业主责任制"为核心的"三制"改革，极大提高工程建设管理效率，致使工程建设上产生了巨大的成效。

1.2.3 采用大量新技术、新工艺、新材料，高质量推进工程建设

广蓄电厂一、二期工程采用了大量的新技术、新工艺、新材料。工程建设中施工的上库优质砼面板堆石坝，设计、施工质量优质，大坝变形小，漏水少，是大坝中优秀作品，被能源部评为"国内领先水平"。工程在国内首次成功采用钢筋砼结构进行高压岔管施工，经能源部组织专家鉴定，工程高压钢筋砼岔管施工技术被评为"国内领先、世界先进水平"，对我国水电工程地下高压岔管的设计和施工具有重要的示范推广作用。广蓄电站工程高压岔管施工见图1-2。

工程国内首创大直径陡倾角高压长斜井快速施工技术，能源部组织专家鉴定认为施工技术加快进度、保证安全和质量，系国内首创，有推广价值，在国外也属罕见，达到国际先进水平，使我国乃至世界地下长斜井衬砌施工技术提高到一个新

的水平。工程成功采用岩锚吊车梁施工，是当时国内跨度和荷载最大的岩壁吊车梁，有力保证良好的施工质量，大大缩短工期，主厂房开挖及喷锚支护工程施工仅用17.5 个月，1991 年被能源部评为优质工程。工程采用 XD 米 -8.5 型多功能模板工艺，满足设计要求，加快浇筑速度，有效节省材料和人工费用，经济效益显著，经能源部组织有关专家进行鉴定，认为该模板系国内首创，是水工隧洞全断面砼衬砌模板的重大突破，达到国际先进水平，具有广阔的推广前景。

图 1-2　广蓄电站工程高压岔管施工

1.2.4 积极引进先进的安全和质量管理体系

在安全管理上，广蓄电站在 1995 年率先引进南非 NOSA 安全管理体系，2004年成为全国首家获得 NOSA 五星认证的单位，为南网安风体系的创建打下基础；2006 年，广蓄电厂在推行 NOSA 安健环管理系统的基础上，引进国际上更为完善的 IGH（钻石安健环质量综合管理体系）质量综合风险管理系统，在风险控制的基础上，完善质量控制和管理，以求更系统、有效地预防意外事故的发生。2007 年开始采用南网安全生产风险管理体系，2008 年广蓄电厂作为南方电网安全生产风

险管理体系的首批 15 家试点单位之一，开始推行南方电网安全生产风险管理体系
建设工作，2010 年成为南方电网公司第一家 5 钻单位并保持至今。另外，广蓄电
站还通过了 ISO 9001 质量管理体系和 ISO 14001 环境管理体系认证。广蓄电站地下
厂房见图 1–3。

图 1-3　广蓄电站地下厂房

1.2.5 担当抽蓄行业领头人，突出模范带头作用

广蓄电站工程建设管理模式、技术工艺创新、运行与经营管理的成功经验，
得到了国家主管部门的充分肯定。1991 年国家能源部在广蓄工地召开全国水电系
统建设管理改革经验交流会，总结推广广蓄工程的经验和成果。1993 年，广蓄联
营公司被原国家电力部授予投产功臣单位称号；1994 年，广蓄电站作为广东改革
开放十五年突出成果，电站模型进京参加国庆四十五周年的庆典参展活动，向党
和国家领导人及首都人民汇报。广蓄二期工程进一步深化工程建设管理模式，实
行总体网络进度控制，节点进度考核，实现了"均衡文明施工，确保安全质量，

提高经济效益"，国家电力部 1995 年在广蓄工地第二次召开全国水电系统改革交流会，对广蓄工程建设管理经验进行总结推广。1995 年 8 月，原国家计委召开全国性会议，总结工程建设业主责任制，并深化为项目法人责任制。1996 年，电站一期工程被原建设部评为"国家优秀设计金质奖"；同年 11 月，电力部在广蓄水电厂召开了水电厂运行管理经验交流会，全国各大型水电厂、各网、省电力局的领导参加会议，会议总结了广蓄电厂成功经验，要求全国电力系统向广蓄电厂学习。1997 年，被原电力工业部评为"一流水力发电厂"，"广州抽水蓄能水电站建设关键技术的研究与实践"项目获得国家科学技术进步二等奖；1999 年，被中央精神文明建设指导委员会授予"全国精神文明建设工作先进单位"称号。2000 年，获得原建设部颁发的中国建筑行业工程质量最高荣誉奖"中国建筑工程鲁班奖"。2009 年，广蓄电站被评为"新中国成立 60 周年百项经典暨精品工程"；同年广蓄电厂被人力资源社会保障部、国务院国资委授予"中央企业先进集体"荣誉称号，荣获广东省总工会颁发的"广东省五一劳动奖状"；2011 年，荣获第十届土木工程詹天佑奖，被中华全国总工会授予"工人先锋号"。广蓄电站被授予"一流水力发电厂"见图 1-4。

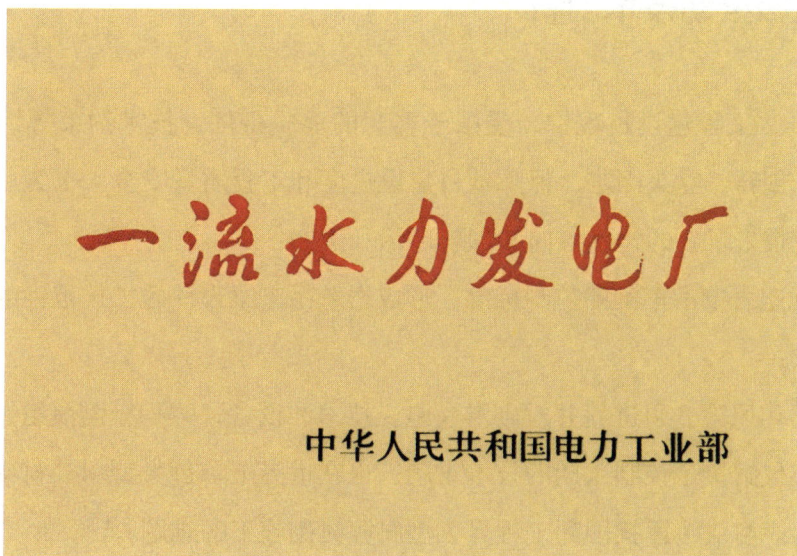

图 1-4　广蓄电站被授予"一流水力发电厂"

1.3 项目建设经验及启示

1.3.1 建立充分有利于业主的合同管理模式

广蓄电站机电设备采购、安装和调试工作的对外合同管理在实施《业主责任制》的前提下，确立业主广蓄联营公司的主导作用和核心地位，在设备采购议标过程中，利用提供政府优惠贷款条件同该国设备技术条件、价格、供货进度和技术服务条件等一揽子综合考虑择优选取这一原则，形成非常有利于买方的竞争局面。在国家确定批准采用法国政府贷款，购买法国成套设备时，不失时机地在不增加额外费用前提下，积极促进卖方在标价内承担更多的合同责任，这是广蓄设备合同的一大特点。上述广蓄设备合同管理模式被称为"半交钥匙"模式，该模式是在实行《业主责任制》前提下，能够充分发挥业主的主导作用和卖方技术专长的一种行之有效的管理模式。

1.3.2 积极推动技术创新

广蓄电站工程建设过程中，受限于客观的地质条件、技术约束等因素，敢于决策，勇于创新，克服困难，保障项目建设进度和工程质量安全。也为后续抽蓄电站工程建设带来了新的技术方向和创新启示。例如：

（1）规定岩壁吊车梁的控制标准，形成岩壁吊车梁设计施工规范性的参数标准和具体要求；

（2）承担风险。引进斜井衬砌滑模施工技术和设备，并积极谨慎组织实施，获得成功，不仅解决了控制工期的技术难题；也在世界上首创大型斜井衬砌滑模施工的先进经验。解决了困扰国际工程界大型斜井衬砌施工的难题；

（3）积极、谨慎、认真组织实施我国第一座高水头、大直径钢筋混凝土衬砌岔管方案；

（4）改变下库坝型。下库坝由原初设审定面板堆石坝型，根据情况变化联营公司上报电力部水规总院同意，改为碾压砼重力坝型；

（5）改变建筑材料方案，由原定洞室开挖碴料作为混凝土粗骨料改为采用天然砂石料；

（6）改变地下洞室支护参数。改进后的轻型支护参数达国际先进水平，并节省工程投资；

（7）改变厂房和高岔位置，使厂房和岔管都选定在围岩结构良好的地质块体范围内，提高建筑物的安全性；

（8）将上、下库坝和二期进（出）水口，在一期建成；

（9）简化隧洞衬砌设计。总结吸取国内外高压水工隧洞设计理论和工程实践的经验，充分利用和发挥围岩的承载能力，大胆简化水工隧洞衬砌设计、施工上传统规范要求，为水工高压隧洞发展提供了新的经验；

（10）优化排水方案。在听取专家咨询和设计意见的基础上，决策优化地下高压水道和厂房系统排水设计方案，充分利用原地质探洞扩建水平排水洞网系统，减少垂直排水孔幕，不仅节省投资，实践证明也取得较好效果；

（11）高压引水道充水和放空。决策实施高水头引水系统的充水和放空、策划周密、程序合理，成功地完成两次充水和放空检查任务，特别是第二次放空检修高压支管钢衬灌浆孔封焊不良而引起渗漏问题，分析判断准确，措施果断，成功地解决了由于灌浆封孔不良引起渗漏问题，保证了地下厂房的安全运行。

1.3.3 持续开展技术改进

2005 年后，广蓄电站对故障率高、技术落后、备品采购困难或采购不到的设备采用新技术进行升级改造，2007—2008 年实施 A 厂监控系统上位机升级改造，2008—2010 年实施 A 厂厂房交流不停电系统的（N+X）冗余模块化改造，2009—2012 年完成 A、B 厂振动系统升级改造、2008—2010 年陆续实现 A 厂技术供水系统和通风空调系统以及主变压器现地控制盘柜的 PLC 改造等，通过升级改造，消除故障，提高设备运行可靠性，减少设备维护量。针对设备存在的缺陷，进行自主研究实现设备的安全稳定运行，2003—2011 年对 A 厂静止变频器控制系统参数进行优化研究及应用，2004—2007 年研究及解决机组有功和无功不可控缺陷，2005年解决机组出口开关灭弧室触头磨损量大问题，2006—2009 年对主变压器高压引线均压球绝缘电场改善进行研究及应用，2010—2012 年实现 A 厂主轴密封国产化应用，2010 年对 B 厂背靠背启动母线联络刀闸合闸命令控制逻辑进行优化，2009年优化 A 厂转轮回水装置等。针对设备存在的隐患进行研究提高设备运行风险的预控能力，如 2006—2007 年通过研究实施户内 500kV 变压器实现一变两站双接口尺寸的自换位设计和应用，2010 年开始开展 500kV 电缆干式化研究，2011 年开始开展 B 厂主变压器高压套管换型研究工作等。

广蓄电站还应用在线监测系统提高设备预警功能，2006—2008 年安装的 GD-8主变压器高压套管在线监测系统四次准确反映套管电容超标，2010—2011 年完成 B厂 500kV GIS（气体绝缘金属封闭开关设备）及电缆局放在线监测系统的安装和应用。

从 2009 年开始，广蓄电站对到期的继电保护装置、通道、自动装置陆续进行改造，确保设备满足相关管理标准的要求。

广蓄电站通过技术创新解决设备问题，完成了机组主轴密封、监控系统、励磁系统等多项国产化改造升级，解决了关键设备"卡脖子"问题。电站技术指标持续优化，机组启动成功率提升至 99.9% 和 99.5% 左右，应急启动成功率保持 100%。

广蓄 8000 天无工时损失庆典见图 1-5。

图 1-5　广蓄 8000 天无工时损失庆典

1.3.4 优化电站运维管理模式

运行管理方面，广蓄电站在国内率先实行"无人值班、少人值守"的管理模式，2003 年通过国家"厂房无人值班"验收，开创了国内百万千瓦级水电站无人值班的先河，为国内传统水电厂的管理改革提供借鉴和参考。在运行管理方面实行 ON-CALL 制度，推行厂房无人值班，实现了高度的自动化和智能化。

检修管理方面，广蓄电站率先采用设备规范化检修管理模式，为此后南方电网公司推广的标准作业指导书提供了经验借鉴。建立了设备维护与检修 ABC 制度，开展"以可靠性为中心的检修"（RCM），确保了设备的稳定性和可靠性。

1.3.5 引进法国 EDF 和香港中华电力管理经验

建厂之初，广蓄电厂在引进法国设备的同时也引进了法国 EDF（电力公司）的管理模式，法国 EDF 派员协助电站人员熟悉设备，并参与电站的生产运行及经营管理，广蓄电站的第一任厂长由法国人担任。同时，广蓄电站积极借鉴香港中华电力的管理经验。广蓄电站在生产运营管理的成功实践，对国内水电站，特别是抽水蓄能发电站的发展具有重要意义。在运行管理方面，广蓄电站实行 ON-CALL（在线呼叫，随时待命）管理，推行厂房无人值班管理和巡检条码系统，采用机械钥匙闭锁系统，成为国内首家通过"厂房无人值班"验收的水电站，开创全国百万千瓦级水电站无人值班的先河。在检修管理方面，1994 年电站在吸取法国 EDF 对水电站设备维修管理经验的基础上，开始着手建立符合电站实际的设备检修作业指导书系统，建立起设备维护与检修 ABC 制度，按照 A、B、C 三类不同级别标准开展不同级别的检修工作，经过发展和完善，又引进以可靠性为中心的检修（RCM）管理，形成了一套基于风险、以可靠性为中心的检修作业指导书系统。在安全管理方面，1995 年广蓄电站通过香港中华电力公司在国内率先引进和推行 NOSA（南非国家职业安全协会）安健环五星管理系统，2004 年广蓄电站成为国内第一家通过五星级认证的水电站。在经营管理方面，香港中华电力公司以投资 21 亿港元的方式，购买广蓄电站一期工程 60 万 kW 容量使用权，期限为 40 年，这是当时一种中外合作经营企业的新模式，既保证中港双方共同投资的大亚湾核电站安全运行，增加发电量，也使得广蓄电站解决了一期工程外资偿还本息的问题，外汇余款还可以冲抵建设期部分内资，也为广蓄电站二期工程以及广东下一个抽水蓄能电站建设提供投资；同时"港蓄发"每年用外汇缴税，预测 40 年合同期缴税约 2 亿美元，平均每年约 500 万美元，为地方外汇税收作出贡献。在企业管理方面，按照"小筹建，大承包"和"精兵简政"的原则，一期工程中广蓄公司人员编制 40 人，通过与法国 EDF 技术援助服务合同，用法国电力公司水电厂的管理模式，结合中国实际情况来组建电厂，推动刚起步中国抽水蓄能企业管理模式与国际接轨，广蓄电厂人员编制控制在 150 人以内，打破当时国内水电厂机构臃肿的现象，极大提高全员劳动生产率。广蓄电站人员赴法培训合格证书颁发仪式见图 1-6。

图 1-6　广蓄电站人员赴法培训合格证书颁发仪式

广蓄电站在建设和运营过程中借鉴和引入了国内外电力公司的先进管理经验，包括设备维护、人员培训、应急处理、运维技术、质量管理、标准操作流程等方面。该措施不仅使广蓄电站提高了自身的管理水平和技术实力，同时也为中国其他水电站乃至整个电力行业的发展提供了有益的借鉴和示范作用。这种国际合作有助于推动我国水电行业向更加科学化、规范化的方向发展。

1.4 结语

广蓄电站是我国自行设计和施工的第一座高水头、大容量的抽水蓄能电站，被誉为我国水电建设的"五朵金花"之首。该电站的建设不仅借鉴了国际先进的管理经验，还形成了具有广蓄特色的管理模式，成为国内外学习抽水蓄能电站建设和管理的经典范例。此外，该电站还是我国第一座"一流水力发电厂"，第一家通过"厂房无人值班"验收的百万级大型水电厂，第一家通过 NOSA 五星级认证的水电厂，是南方电网第一家安全风险管理体系建设 5 钻单位。为我国抽水蓄能电站建设培养和输送了大量人才，先后涌现出以中国工程院院士罗绍基为代表的一大批优秀的建设、运营管理人才，被誉为我国抽水蓄能电站建设人才的"黄埔军校"。世界水工、坝工领域权威杂志《水力发电与坝工建设》评价："毫无疑问，广蓄电站将成为模范工程，成为许多抽水蓄能电站的样板。"

如今，广蓄电站在电网中依旧承担着调峰填谷、调频调相、紧急事故备用和黑启动作用，是广东省重要的黑启动电源点之一。作为世界上启动最频繁、使用率最高的抽水蓄能电厂之一，广蓄的运行指标达到国际一流水平，为南方电网、大亚湾核电站、香港电网的安全稳定经济运行提供了保障，为西电东送、清洁能源消纳提供了有力支撑，为南方五省区和粤港澳大湾区经济社会发展做出了积极贡献。

第 2 章

惠州抽水蓄能电站
——抽水蓄能机组国产化的第一步

惠州抽水蓄能电站（简称"惠蓄电站"）于 2009 年 5 月投产，装机容量 240 万 kW，是目前世界上一次性建成、装机容量最大的抽水蓄能电站，并迈出了抽水蓄能机组国产化的第一步。

2.1 工程概述

2.1.1 工程背景

为应对"西电东送"新形势的要求，在原广东省电力工业局的领导下，成立了包括广东省电力工业局、广东省电力设计研究院、广东蓄能发电有限公司、广东省水利电力勘察设计研究院在内的电源优化小组，在1998年4月—2000年4月为期两年的工作中，利用动力经济研究中心开发的电源优化软件包（GESP），根据广东的能源资源和电力需求的实际，并考虑到电力建设的各种约束，对广东2015年前的电源结构进行了优化研究，研究成果最后形成《广东电源优化》报告，报告详细分析了各类电源在广东电网的作用和地位及各类电源在广东电力系统的最佳规模和建设进度，论证了广东系统应走电源多元化发展道路，优化的电源结构应该是包括常规水电、煤电、气电、核电、西电、抽水蓄能电站等电源形式在内的多样化结构。该报告研究表明，广东具有优越的建站条件，再加上广东系统负荷峰谷差大的特点，使惠蓄电站成为最经济的调峰电源。惠蓄电站的建设，不仅能增强系统调峰能力，减少西电低谷弃水，降低"西电东送"成本，还能在"西电东送"工程中化解网络输送风险，提高系统运行安全性能。

惠蓄电站符合"西电东送"工程需求，符合"西部大开发"战略目标，不仅能增强系统调峰能力，减少西电低谷弃水，降低"西电东送"成本，还能在"西电东送"工程中化解网络输送风险，提高系统运行安全性能。此外，惠蓄电站还通过技术引进，助力实现我国抽水蓄能电站机组设备制造的自主化。

2.1.2 建设规模及枢纽布置

惠蓄电站位于惠州市博罗县，处于广东用电负荷的中心，距广州市 112km，惠州市 20km，深圳市 77km，由中国南方电网有限责任公司和中广核能源开发有限责任公司分别以 54% 和 46% 比例共同出资组建的广东蓄能发电有限公司建设和管理。惠蓄电站示意图见图 2-1。

图 2-1　惠蓄电站示意图

惠蓄电站总装机容量 240 万 kW，分 A、B 厂布置，分别安装 4 台单机容量 30 万 kW 的立式单级混流可逆式水泵水轮机 – 发电电动机机组，设计年发电量 45.62 亿 kWh，年抽水耗电量 60.03 亿 kWh，年发电利用小时数 1900.8h，年抽水利用小时数 2359.5h。惠蓄电站共以三回 500kV 出线接入广东电网，其中两回接入惠州福园 500kV 变电站，一回接入博罗 500kV 变电站。

惠蓄电站总投资 65.33 亿元，前期准备工程于 2003 年 9 月开工，至 2011 年 5 月 28 日 8 台机组全部投产，工程实际总工期 92 个月。

惠蓄电站上水库积雨面积 5.22km²，多年平均径流量 977.5 万 m³。电站上水库校核洪水位 764.09m，总库容 3573.8 万 m³，正常蓄水位 762.00m，相应库容 3171.0 万 m³，其中有效库容 2739.7 万 m³。设计 1 座主坝和 4 座副坝，主坝采用全断面碾压混凝土重力坝，最大坝高 53.1m。

惠蓄电站下水库积雨面积 11.29km²，多年平均径流量 1721.85 万 m³。水库正常蓄水位 231m，死水位 205m，总库容 3190.5 万 m³，调节库容为 2766.6 万 m³。设计 1 座主坝和 1 座副坝，主坝采用全断面碾压混凝土重力坝，坝顶长 450m，最大坝高 55.17m。

惠蓄电站枢纽布置两套输水系统，采用一管四机供水方式，隧洞总长 4493m（A 厂）/4487m（B 厂），隧洞、岔管直径分别为 8.5m、8m，引水钢支管直径 3.5m，尾水钢支管直径 4m。输水系统由上库进出水口、上库闸门井、引水隧洞、上游调压井、高压隧洞、高压岔管、引水支管、尾水支管、尾水岔管、尾水调压井、尾水隧洞、下库闸门井、下库进出水口等组成。电站采用中部偏下游的布置方式，设置上、下游调压井，输水系统纵剖面设有三级斜井四段平洞。输水系统隧洞采用钢筋混凝土衬砌，引水支管、尾水支管为压力钢管。

2.2　项目突出亮点和特点

2.2.1　在国内率先推行 NOSA 五星安健环管理系统

惠蓄电站工程建设中引进和推行南非 NOSA 五星安健环系统。结合惠蓄工程的特点，惠蓄电站联合各主要参建单位编写了《NOSA 五星安健环系统惠蓄电站工作标准》《安全文明施工管理办法》和《安全文明施工管理考核办法》等管理制度，创建 "NOSA 五星" 水电建设管理体系。

1. 优化组织机构

惠蓄电站安健环管理工作由惠蓄安委会负责，其成员由各参建单位行政一把手担任，主任由惠蓄电站总指挥担任。安委会采用四级安全网络式责任制：①惠蓄安委会作为惠蓄电站安全管理的最高权力机构，负责制定安全政策、批准标准的补充修改、安全生产重大奖罚、与各参建单位签订责任书、对各参建单位的安全生产工作进行日常监督巡查；②各主要参建单位安委会（安监部）为二级安全管理机构，负责本单位的安健环管理工作；③各工区和车间专职安全管理人员，具体对本工区的安健环进行检查；④班组、作业面都有专职（或兼职）安全员，对工序的安全进行监督和检查。

2. 建立明确的责任制

惠蓄电站邀请 NOSA 公司对各参建单位进行 NOSA 五星安健环知识培训：风险评估培训、安健环代表培训、内审员培训、事故管理培训等，培训安全管理骨干人员 614 名。同时，通过《惠蓄安全园地》《惠蓄安健环简报》《惠蓄信息管理系统》、定期组织 NOSA 知识竞赛等各种宣传手段开展安全宣传。在规章制度建设上，惠蓄电站引入南非《NOSA 五星安健环系统》，并制定了《NOSA 五星安健环系统惠蓄电站工作标准》对各施工单位进行管理。同时推行安全激励机制，设立以合同金额 0.5% 的安全奖励基金，每季度按照《惠蓄电站安全文明施工考评办法》，对各施工单位进行安全考评，根据考评结果给予奖励，此外每半年开展一次安全文明先进单位、个人评选活动，并给予表彰。

3. 制定清晰的安全目标

惠蓄电站在国内率先推行 NOSA 五星安健环管理系统，在 2007 年初就取得了"NOSA 一星"认证，通过不断努力，于 2008 年初取得了"NOSA 二星"认证，于 2009 年取得"NOSA 三星"认证，成为国内首个获得 NOSA 三星认证的在建水电工程，标志着惠蓄电站在安全管理、健康和环境（安健环）方面达到了国际先进水平。

惠蓄电站在工程建设中对于工程安全质量的高标准管理，有效地促进了工程安全文明施工的开展。惠蓄电站建设过程中，枢纽工程建设实现了无人身死亡责任事故、无重大机械设备事故、无重大同等责任及以上交通事故、无重大火灾事故、无重大环境污染和重大垮塌事故的安全目标。惠蓄电站的骄人成绩，也为后续项目的建设和运营提供了宝贵的经验和参考。

2.2.2 国内首座一次建成的 240 万千瓦大型抽水蓄能电站

惠蓄电站前期准备工程于 2003 年 9 月开工，主体工程于 2004 年 10 月开工，是国内首座一次建成的 240 万 kW 大型抽水蓄能电站，并创造了在连续 24 个月（2009 年 5 月 19 日—2011 年 5 月 28 日）的时段内投运 8 台 30 万 kW 抽水蓄能机组的业绩。惠蓄工程实际工期为 92 个月，比国家批复工期（99 个月）提前 7 个月。

1. 工程前期策划

惠蓄电站项目经过前期工作及施工进场准备，开工的准备工作基本就绪：项目法人已经设立，项目组织管理机构和规章制度健全；施工、监理单位及主要设备材料均通过公开招标选定，并签订了相应合同；施工单位设立了施工项目部，物资、人员、机具组织到位；监理单位建立了监理项目部，配备了各专业监理人员；项目资金落实到位；初步设计经过评审；工程占地和线路路径落实情况良好；施工图已满足连续施工要求。惠蓄电站工程 SQDCI 目标体系见图 2-2。

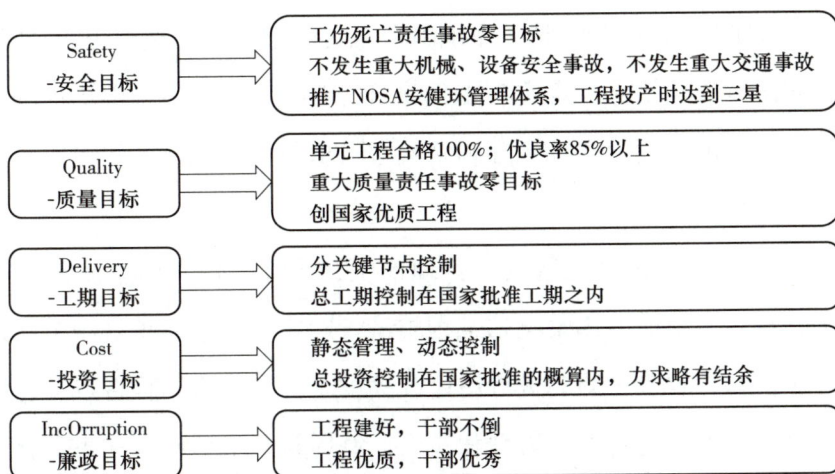

Safety -安全目标	工伤死亡责任事故零目标 不发生重大机械、设备安全事故，不发生重大交通事故 推广NOSA安健环管理体系，工程投产时达到三星
Quality -质量目标	单元工程合格100%；优良率85%以上 重大质量责任事故零目标 创国家优质工程
Delivery -工期目标	分关键节点控制 总工期控制在国家批准工期之内
Cost -投资目标	静态管理、动态控制 总投资控制在国家批准的概算内，力求略有结余
IncOrruption -廉政目标	工程建好，干部不倒 工程优质，干部优秀

图 2-2　惠蓄电站工程 SQDCI 目标体系

2. 工程项目组织

惠蓄工程实行项目法人责任制、招投标制、建设监理制和合同管理制，符合国家基本建设管理制度的要求。项目法人和建设单位按照输变电工程项目开工条件落实开工准备各项工作。初步设计经过审查，项目选址得到落实，用地预审获相关部门同意，施工图满足连续施工要求，施工、监理单位均通过公开招标选定，主要设备通过国际招标选定。建设单位组织了设计技术交底、安全技术交底、施工图会审。施工单位设立了施工项目部，编制完成了施工组织设计、施工进度计划，完成了技术、物资、人员组织的安排。监理单位建立了监理项目部，各项监理工作文件已经编就。开工条件具备，主体工程于2014年10月开工，开工时间满足进度计划要求。

3. 工程进度管理

惠蓄电站工程进度实行各级负责制，惠蓄电站业主方主要确定工程的总进度计划，负责控制一级网络进度计划；监理负责控制二级施工进度。各施工单位负责实施三、四级施工进度计划；以月度、季度和年度计划保证总工期计划。采用国际上通用的P3（工程项目计划）软件来进行编制工程进度计划，找出关键工期线路；根据工程总进度目标将合同工程进度分解为年度计划进度、季度计划进度、月计划进度、周计划进度，到以天保周、以周保月、以月保季度、以季度保年度，确保合同总计划进度的完成。每周由监理主持召开各参建单位参加的协调例会，主要检查各施工单位上周的进度完成情况，并指出存在的进度风险问题，提出进度保证方案。制定工程进度奖罚措施，确定各工程项目的节点目标，对工期提前的及时实行奖励，对工期滞后的进行处罚，充分调动和增强承包商的积极性和责任心。

4. 工程质量管理

惠蓄电站成立时由惠蓄建管局、监理单位、设计单位、质量监督站和施工单位主要技术管理人员组成的惠蓄电站工程质量管理领导小组，负责制定质量管理制度及奖惩办法，对工程质量问题进行讨论及决策。针对惠蓄工程特点，惠蓄电站建立质量管理例会制度，进行科学管理和决策。每周召开工程例会和每月召开总工程师联席会议，主要协调解决施工中的各种质量技术问题，对于重大质量技术问题，专门邀请工程院院士和经验丰富的专家进行咨询，确保施工质量。质量控制均严格按照"预控、程控、终控"三个阶段进行全过程的有效控制。原材料由广东省电力工程质量监督检测站根据见证取样试件，试验合格并由监理工程师审批后才能使用。对隐蔽、重点和关键部位，落实监理巡检和旁站指导，业主定期及不定期现场检查，施工完成后由监理方、设计方和业主进行联合验收，并及时填写验收记录及签证。对有承载力要求的地基均由广东省电力工程质量监督检测站进行承载力试验，达到设计指标后才进行下一工序施工。惠蓄电站工程主动接受广东省电力工程质量监督中心站和南方电网公司的巡检和阶段质量监督（包括水库蓄水阶段、水道充水阶段和机组启动试运行阶段）。

经验收评定，惠蓄电站大坝工程共划分 2822 个单元工程，单元工程合格率 100%，单元工程优良率达 91.1%，工程总体质量优良。上库坝工程共评定单元工程 1616 个，其中优良单元工程 1453 个，单元工程优良率达 89.9%。下库坝工程共评定单元工程 1206 个，其中优良单元工程 1119 个，单元工程优良率达 92.8%。惠蓄电站水道及地下厂房工程 A/B 厂土建各分部分项工程单元工程质量评定统计见附件二，共对 3952/2631 个单元工程进行了质量评定，合格率 100%，3447/2327 个单元评定为优良，各分项工程单元综合优良率 87.2%/88.4%，工程总体质量优良，没有发生大的质量事故。其中：开挖分项工程的优良率为 86.1%/85.2%，锚喷支护分项工程的优良率为 91.6%/94.5%，已评混凝土分项工程优良率为 88.4%/88.5%；灌浆分项工程综合优良率为 89.3%/87.5%，回填灌浆工程优良率为 90.6%/87.7%，固结灌浆工程优良率为 87.8%/86.9%，帷幕灌浆工程优良率为 85.7%/88.2%，化学灌浆工程优良率为 90.2%/93.1%。

惠蓄电站于 2011 年 11 月 9—11 日通过了中国水利科学研究院组织的土建及金属结构工程竣工安全鉴定：惠蓄电站上水库工程、下水库工程、输水系统工程、地下厂房及附属洞室群工程设计合理，符合相应的设计规范，满足工程的要求，施工质量满足设计要求，符合相应规程、规范的规定，运行以来，未发现大的缺陷，现运行稳定，各项技术指标显示性能状态良好；金属结构的设计符合相应的设计规范，满足工程的要求，施工质量满足设计要求，符合相应规程、规范的规定，运行以来，未发现大的缺陷，现运行稳定，各项技术指标显示性能状态良好。

惠蓄电站于 2012 年 9 月通过了中国水电顾问集团公司组织的机电工程竣工安全鉴定：电站机电工程设计符合国家有关法律、法规、规程规范，并经上级主管部门审批；水泵水轮机和发电电动机及其附属设备、电力设备、控制保护及通信系统设备、水力机械辅助系统设备的制造和安装质量总体满足合同规定和设计要求。机组能够满功率运行，满足抽水和发电生产运行需要；电力设备、控制保护及通信系统、全厂水力机械辅助设备系统等运行总体正常，主要设备各项指标总体满足合同和安全生产运行要求。

5. 采购、合同及投资管理

为规范业主单位招标和合同签订工作，公平、公正、公开择优选择承包单位，合理控制项目成本，规范合同管理工作，惠蓄电站依据《广东蓄能发电有限公司项目招标管理办法》《广东蓄能发电有限公司合同管理办法》《调峰调频发电公司招标采购管理办法》等管理文件要求，成立了招标委员会，负责工程招标中的重大事项决策及招标项目的定标工作。招标委员会下设专业组，负责项目招标过程的事务性工作。在工程价款结算方面，惠蓄电站制定《惠蓄工程工程计量和支付管理办法》，结算工作做到层层把关，堵塞漏洞。

惠蓄电站主机设备由国务院发展和改革委员会组织，与河南宝泉电站、湖北白莲河电站统一"打捆招标"，引进法国 ALSTOM（阿尔斯通）公司的设备。500kV高压电气设备采用国际招标，其他合同依照《广东蓄能发电有限公司项目招标管理办法》及《调峰调频发电公司招标采购管理办法》进行招标。

惠蓄电站项目的投资资金采用专户管理、专款专用、单独核算的管理办法，使用过程中做到公开透明，杜绝滞留、挤占、截留、挪用以及虚假冒领、铺张浪费建设资金的情况，资金拨付及时，相关配套资金足额到位，资本金制度项目的资本金构成和金额有效落实。惠蓄电站工程的审计工作实行第三方外部审计，控制建设成本，确保建设资金安全，促使工程建设资金规范、高效、安全、廉洁使用。

2.2.3 统一招标和技贸结合，为后续项目机组国产化奠定了基础

由于抽水蓄能电站在提高电网的稳定性和经济性方面有重要作用，尤其当电网中大容量火力发电机组比重增加和核电站的投入时，其必要性更加突出。2000

年初，国内相关制造厂虽具备较强的设备制造能力和大型常规电站设备的丰富设计制造经验，但对于抽水蓄能电站的设备尚缺乏足够的研发经验和投标资格。因此，绝大多数抽水蓄能电站的主机设备基本上由国外厂商设计供货，国内厂家仅作为国外厂商的分包制造厂，或虽为主包商，但核心技术和关键部件仍依赖国外厂商。这种现象严重制约了国内厂家的竞争力和抽水蓄能电站建设的发展。基于上述情况，国家发展和改革委员会决定拿出三座抽水蓄能电站：河南宝泉、广东惠州和湖北白莲河共 16 台 30 万 kW 的机组向外商统一招标（通常称打捆招标），以市场换取国际先进技术，规定中标外商必须同时向国内哈尔滨电机厂有限责任公司和东方电机股份有限公司转让相关技术，使国内厂商尽快实现抽水蓄能机组的自主设计制造。

该次打捆招标转让的技术包括：

（1）水泵水轮机水力设计（包括 CFD 分析等 9 个子项）；

（2）水泵水轮机可靠性分析（包括转轮疲劳强度分析等 7 个子项）；

（3）通流部件（转轮除外）可靠性计算分析（包括蜗壳与座环的受力计算等 7 个子项）；

（4）密封的设计计算（包括主轴密封性能的计算等 3 个子项）；

（5）水泵水轮机工况转轮与过渡过程分析计算软件；

（6）球阀的刚强度分析（包括频繁动作部件的疲劳强度计算方法等 5 个子项）；

（7）水泵水轮机组轴系稳定性计算分析（包括轴系扭转振动模态计算分析等 6 个子项）；

（8）推力轴承和导轴承润滑、轴瓦及支撑件变形和循环冷却系统计算程序（包括润滑参数计算等 10 个子项）；

（9）发电电动机通风系统和发热计算程序（包括风路设计计算等 6 个子项）；

（10）发电电动机电磁设计程序（包括主要电磁参数计算等 4 个子项）；

（11）发电时电动机结构件刚强度和振动计算程序（包括疲劳强度和安全系数评定等 3 个子项）；

（12）发电电动机的启动性能计算程序（包括起动方式的建模及计算等 4 个子项）；

（13）发电电动机的运行工况转换分析计算程序（包括发电调相转换等 6 个子项）。

打捆招标于 2004 年完成，招标文件中规定中标外商必须向哈电、东电两厂分包并转让关键技术。最终，法国 ALSTOM 公司中标。到 2009 年 5 月，哈电、东电完成了抽水蓄能技术引进工作并完成了整台机组分包制造。

惠蓄电站作为抽水蓄能行业市场化技术的首批项目之一，是高转速、大容量抽水蓄能机组国产化的起点。从惠蓄电站开始，国内开始涌现出一大批高水头抽水蓄能电站，也为后续项目机组国产化奠定了基础。

惠蓄电站通过统一招标，技贸结合的方式，引进机组设备设计和制造技术，并在项目的建设和运维过程中逐步对技术进行消化和吸收，研究解决了低水头并网时间长等技术难题，发现并成功解决了 ALSTOM 原有设计、制造中存在的发电机磁极、机组球阀等设备缺陷，为国内同类电站设备改进设计、缺陷处理提供了成功经验，同时也培养锻炼了一批掌握国际先进抽水蓄能电站运维技术的人才。通过国外制造厂和国内两大厂的制造，惠蓄机组顺利进入安装、调试并如期投入运行，运行情况基本良好。惠蓄电站的技术引进，助力解决抽水蓄能机组国产化问题，提高了我国抽水蓄能机组的设计、制造水平，促进抽水蓄能机组设计、生产、制造的自主化和国产化。

2.3 项目建设经验及启示

2.3.1 水库设计优化

不同于常规水电站的抽水蓄能电站特有的情况，惠蓄的上、下水库集水面积小而电站发电工况或抽水工况机组运用的流量大。为确保大坝安全，惠蓄水库洪水调节考虑了在设计洪水发生与发电、抽水运行工况遭遇的不利组合，机组在发电时下库遭遇入库洪水，或机组在抽水时上库遭遇入库洪水，设计洪水为入库洪水、机组发电流量或抽水流量的组合。配合洪水调度模型的改进，较好地解决了惠蓄水库洪水调节的问题。主要包含以下改进：

（1）在下库设置了放水底孔，根据广蓄的运行经验，蓄能电站按照电力系统的要求运行，往往出现水库蓄水位均高于死水位，不到正常蓄水位，即低于溢洪道堰顶高程，所以在汛期遇到常遇洪水时，溢洪道无法泄洪，若未设低水位泄洪设施，将造成上、下库有效存水量之和超过调节库容，库水位抬高，此时一旦水库遭遇突发洪水，而电力系统要求电站运行，则很可能造成人为洪水。设置放水底孔可避免发生人为洪水对下游造成不利影响，使水库具备必要的预泄能力，保证上、下水库死水位以上的存水量之和等于上水库调节库容。

（2）惠蓄发电、抽水的流量过程是通过惠蓄在广东电力系统中模拟运行得到的，比假定的流量过程更符合实际。

（3）根据广东电力系统和惠蓄运行的特点，不同的调洪要求适用不同的洪水组合方式，如：上库范家田水库的大坝洪水位、耕地淹没线和人口迁移线的计算采用组合洪水方法；下库礤头水库的大坝洪水位的计算采用遭遇洪水方法；上、下库大坝施工渡汛洪水位、引水隧洞施工渡汛洪水位、二号副坝施工渡汛、下库大坝稳定分析（礤头小水库洪水位）等的计算采用天然洪水方法。

2.3.2 水工建筑物设计优化

（1）斜井（上、中、下斜井）及竖井（上、尾水调压井）原开挖支护设计，对Ⅲ-Ⅳ类围岩采用系统喷锚支护，对Ⅰ-Ⅲ类围岩不进行系统喷锚支护，但考虑到斜井及竖井施工期作业面危险程度较高，对Ⅰ-Ⅲ类围岩进行系统喷混凝土（厚 10cm）支护，以保证斜井及竖井施工期的安全；

（2）在 1 号堵头增设了 2 条 DN200 放水管，用于中平洞及以上水道的排水，方便水道排水试验；

（3）考虑高压水道复杂的水文地质条件和 F304 断层的影响，对高压岔管、引水钢支管防渗排水系统进行了专题研究，增设了帷幕灌浆并修改了排水布置，以确保高压岔管、引水钢支管和厂房的安全可靠运行；

（4）在施工过程中，考虑到厂房和主变压器洞拱顶挂钢筋网难施工，结合喷射钢纤维混凝土在国内工程中的应用，将厂房和主变压器洞拱顶挂网喷射混凝土支护修改为喷射钢纤维混凝土 C25，厚度为 150mm；

（5）上层排水廊道根据地下厂房顶层、主变压器洞顶层及上层排水廊道开挖揭露的地质水文资料，调整了上层排水廊道和系统排水孔的布置，在厂房和主变压器洞之间增加一条上层排水廊道，并调整系统排水孔走向、深度和间距；

（6）尾闸室竖井通道、蜗壳进人孔等处垂直爬梯增加护笼，以确保巡视人员安全。

2.3.3 高压钢筋混凝土岔管设计优化

原设计的引水岔管和尾水岔管均采用钢筋混凝土岔管，岔管型式为卜型、平底结构布置，主管为长锥形管。该体型的钢筋混凝土岔管结构配筋设计及施工均较复杂，通过进行结构体型的优化，将原钢筋混凝土锥形主管改为等径主管。体型优化后，岔管开挖地应力场的变化规律相同，应力值和位移值基本接近；内压工况、外压工况岔管拉应力和压应力发生区域的规律没有改变，相比而言，等径主管型式的岔管最大拉应力、最大压应力和最大位移值都要略大些，但差值不大，最大相对差值不超过5%。因此，岔管由圆锥主管型式改为等径主管型式后，岔管结构受力状态没有大的变化，但结构体型得到了较大的精简和优化。

2.3.4 其他设计优化

（1）首次提出周调节的分析计算方法，建设成为国内首座具有周调节的大容量抽水蓄能电站。

（2）A厂、B厂进出水口采用并列布置，工程紧凑，减少投资。

惠蓄电站水道系统剖面图见图 2-3。

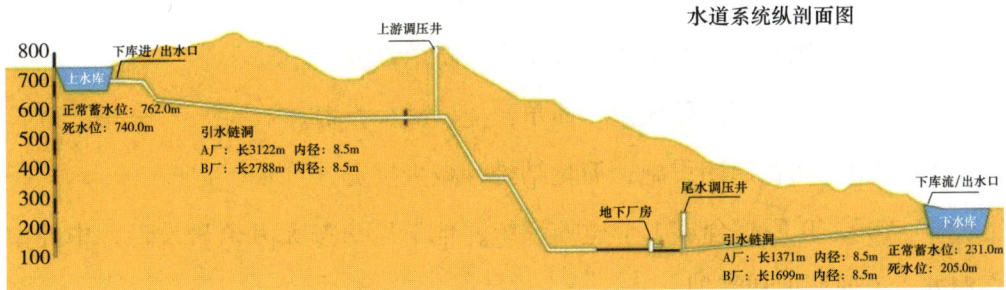

图 2-3　惠蓄电站水道系统剖面图

（3）厂房采用自流排水洞排水方式，运行维护管理方便，降低水淹厂房风险。

（4）八台机组共用一个开关站，集中监控、方便管理，减少投资。

（5）国内首次大规模在深厚全风化土层上建设粘土心墙堆石坝，就地取材，充分利用弃渣，经济环保。

（6）取消尾水隧洞的施工支洞，减少投资。

（7）钢筋砼岔管采用主管等径布置，方便施工，减少投资。

（8）优化调压井结构体型及布置，减小大井直径，降低施工难度，减小投资。

（9）张扭性地质构造区高压水道防渗处理技术的探索研究与应用成功，避免复杂地质条件洞段采用高造价钢板衬砌方案，效益显著。

（10）进行抗软水侵蚀研究，在水道及大坝混凝土迎水面涂抹水泥基渗透结晶材料，应用效果良好。

（11）进行长斜井反井钻和滑模施工技术研究和应用，提高斜井施工速度，保证施工安全。

（12）取消低压气系统，简化机电设备安装和运行维护工作量。

（13）水泵水轮机上、下迷宫环冷却用水从上游压力钢管自流供水，保证机组调相的顺利进行。

（14）将透平油处理设备布置在蜗壳层端部，方便机组运行油的处理。

（15）取消水泵水轮机主轴检修密封围带，降低故障发生频次。

（16）首次在国内抽水蓄能电站设置底环进人通道，方便对导叶下轴套进行检修维护。

（17）500kV侧洞内外以干式电缆连接，简化安装。

（18）取消主变压器运输轨道，简单快捷，减少投资。

（19）取消拦污栅启闭设施，简化结构，减少投资。

（20）A厂、B厂综合成1个监控系统，地下厂房按无人值班设计，中控室设置在洞外，方便调度和管理。

惠蓄电站副坝粘土心墙堆石坝标准剖面图见图2-4。

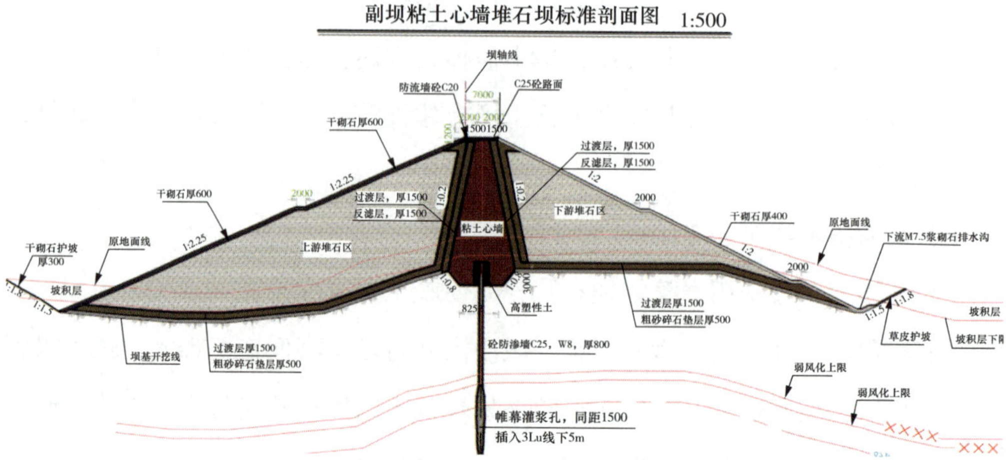

图2-4　惠蓄电站副坝粘土心墙堆石坝标准剖面图

2.4 结语

惠蓄电站是世界首座一次性建成的装机容量240万kW的抽水蓄能电站，也是广东省第二座大型抽水蓄能电站，是国家重点工程和"西电东送"能源战略的重要配套工程，并为南方电网安全稳定运行提供多功能综合服务，对满足广东省经济发展对电力增长的需要，优化广东电源结构，保证南方电网的安全稳定运行和"西电东送"具有重要作用，同时也为地方经济社会发展提供强大动力。另外，惠蓄电站主机设备由国家发改委统一打捆招标，通过市场换取技术的采购方式，为后续项目机组国产化奠定了扎实的基础。

第 3 章

清远抽水蓄能电站
——南方电网首个荣获菲迪克奖的抽水蓄能工程

清远抽水蓄能电站（简称"清蓄电站"）于 2015 年 11 月投产，装机容量 128 万 kW，凭借其卓越的工程技术和工程质量，清蓄电站在 2021 年获国际工程界"诺贝尔奖"—菲迪克奖，另外，还在 2022 年获得中国土木工程詹天佑奖。

3.1 工程概述

3.1.1 工程背景

广东电力负荷增长快，电力市场空间很大，清蓄电站的建设，是适应广东电力需求快速增长的需要，进一步提高广东电力系统调峰能力。由于抽水蓄能电站造价低，电网在 2015 年投入清蓄电站 128 万 kW 的条件下，可促进和推动广东电源的多样化建设和优化调整，降低包括投资费用和运行费用在内的系统总费用，提高电力系统经济性。也符合广东电力市场的分布特点，进一步优化广东电源布局的需要。在受端的广东电网建设抽水蓄能电站可提高西电东送电量，改善送端电源的运行环境，提高送端电源中火电的运行效率和年利用小时数，减少西电汛期低谷弃水，提高西部水能利用程度，提高输电线路的利用率，降低输电成本，充分发挥西电东送联网效益。广东电网西电东送比例高，单回送电规模大，系统安全稳定问题较突出。

清蓄电站的建设，能够有效提高联网系统输电极限，增加系统安全稳定裕度，为受端系统提供强有力的调相调压手段，是解决广东电网及联网系统安全稳定问题有力和有效的措施。伴随广东电力系统规模的速扩大，对事故备用容量的要求也迅速增加，建设清蓄电站，可很大程度上增强系统的事故反应能力，适应西电东送输电网络复杂的运行要求，保证系统安全。

3.1.2 建设规模及枢纽布置

清远抽水蓄能电站（简称清蓄电站）是南方电网公司首个全资建设的抽水蓄能电站，属国家重点工程、南方电网"十一五"重点工程。清蓄电站位于珠江三角洲西北部清远市清新区境内，站址地处北江一级支流秦皇河上游，距广州市直线距离 75km。电站总装机容量 128 万 kW（4×32 万 kW），平均设计水头 470m，最大水头 504.5m，满载发电 9.17h，设计年抽水耗电量 30.283 亿 kWh，年发电量 23.316 亿 kWh。电站征地 5307 亩，生产安置人口 843 人，生活安置移民 352 人（2009 年为水平年）。清蓄电站示意图见图 3–1。

图 3-1　清蓄电站示意图

电站枢纽由上水库、下水库、输水系统、地下厂房系统等组成。上水库建筑物由一座主坝、六座副坝和泄洪洞组成，主坝和副坝均为黏土心墙堆石坝，水库正常蓄水位 612.5m，有效库容 1055 万 m^3。下水库建筑物由一座黏土心墙堆石坝和泄洪洞组成，水库正常蓄水位 137.7m，有效库容 1058 万 m^3。输水系统由上、下水库进/出水口、输水隧洞、尾水调压井及尾调通气洞等组成。输水隧洞采用一洞四机布置，设一级竖井和一级斜井，水道总长 2767m。厂房系统由主厂房、副厂房、主变压器室、母线洞、尾水闸门室、自流排水洞、交通运输洞和进风出渣洞等组成。电站总用地 5307 亩，其中征收土地 3961 亩，征用土地 1346 亩；搬迁安置人口 352 人，生产安置人口 843 人；征地范围受影响小水电站 2 座，装机 4 台共 1980kW。

3.2 项目突出亮点和特点

3.2.1 目标明确的项目策划

在启动清蓄电站前期工作之初，清蓄公司借鉴广州、惠州抽水蓄能电站以及国内其他抽水蓄能电站建设经验，进行了清蓄电站项目管理策划，确定了电站的建设管理目标、思路及对策，为全生命周期开展电站的安全、质量、进度、技术、投资控制、环境保护及征地移民等工作奠定了坚实的基础。

3.2.2 业主为核心的多位一体项目团队

清蓄电站项目管理以清蓄公司为核心，以工程优质为目标，采用劳动竞赛平台，团结和带领各参建单位，构建和谐奋进的项目管理团队，在项目管理过程中形成多维约束因素情况下的最佳组织、协调和管理，最终达到安全与质量有保证、技术有创新与优化、进度有把握、投资有控制的目的。

1. 以合同为核心的承包商管理

实行执行概算管理，限额招标，确保投资可控。规范合同管理，采用量价分离的造价管控模式。严格按流程控制变更，变更立项和变更价格双重审批；严格按合同控制支付流程，确保资金安全。定期进行统计分析，及时掌握投资动态，做好过程反馈与纠偏调整工作，动态管控投资。不定期召开专题经济协调会议，组织参建各方共同研究、处理合同变更、结算问题。同时引入有资质的第三方造价咨询机构，严格审核把关，全面控制工程造价。

2. 劳动竞赛

清蓄电站工程是广东省十项工程劳动竞赛"调峰调频发电工程赛区"的分赛区之一。电站主体工程开工时即启动劳动竞赛，目标是在各参建单位间开展规范、优质、安全、快速、高效、廉洁多种劳动竞赛活动。劳动竞赛一月一次评比，一月一份月报，半年进行一次表彰，每月把评比结果与《清蓄电站劳动竞赛月报》上报至南方电网公司、调峰调频发电公司、省总工会以及各参建单位本部，对整个竞赛过程进行宣传报道，对亮点进行表扬，对不足进行曝光，同时对整个竞赛、评比过程的进行监督和检查，是电站建设过程中最具影响力的报纸之一。

3. 强大的专家团队

为及时解决工程建设中的技术难题，将解决问题的管理端口最大程度地前移，清蓄公司聘请了以工程院院士为首的强大的专家咨询团队。凭借专家团队丰富的工程经验及管理能力，清蓄公司作为一个平均年龄只有31岁的年轻管理团队，团结和带领各参建单位实现工程的各里程碑目标。

4. 企检联建

在电站建设的全过程中，以推进工程建设和关爱建设者的政治生命安全为目标，坚持"清白做人，干净干事""工程优质、干部优秀"的理念，积极引入地方政府廉政建设监督机制，实行"双合同"制度，即凡是与设计、监理、供货商和工程承建商等签订经济合同时，必须同时签订《廉洁协议承诺书》，且变更超过100万以上的合同都需要地方检察院认可签字，确保预防职务犯罪工作贯穿于工程建设的全过程。工程开工至今，未发生任何违法、违纪案件。

3.2.3 精准工程布置

根据广东电力系统电源优化分析，《广东珠江三角洲西北部地区抽水蓄能电站选点规划报告》中提供了3个备选站址、4个备选接入方案。

站址地质条件优良，其上、下水库库盆皆为天然库盆，不需要大面积的开挖，从很大程度上降低工程建设的安全、质量、进度、技术、投资等风险。在水道布置中，将无法避开的不良地质段布置在了中平洞，避开了在施工难度最大的竖、斜井中遭遇困难地质段的危险。同时将主厂房布置在Ⅰ、Ⅱ类围岩的花岗岩体中，为后续厂房的高质量开挖和水道灌浆处理创造了极佳的地质条件。

3.2.4 高效的项目报批和启动

作为百万级装机规模的水电项目，清蓄电站项目的选点规划和预可行性研究工作于 2006 年 2 月开始开展。2007 年 1 月通过选点规划和预可行性研究审查，2007 年 9 月通过可行性研究审查，2008 年 6 月项目申请报告通过中咨公司评估，2008 年 12 月通过国家发展改革委员会批准，2009 年 2 月通过国务院批准。项目从启动到核准，总共 3 年的时间，且在项目主体开工之初就取得国土用地许可批文，被业内专家誉为"清远速度"。每个环节的时间基本控制在半年以内，为外部审核、审批等留出时间裕量。

3.2.5 与投产发电同步完成的征地移民工作

清蓄电站征地移民工作历时两年基本完成，并且在国内首次实现了电站投产发电与征地移民专项验收同步完成的创举。在开展征地移民工作过程中，清蓄公司充分抓住电站建设在地方的优势，抓好电站各项建设手续的合法合规性，本着"政企精诚合作"，切实保护移民群众利益的原则，争取地方政府的重视和支持，建立起良好的工作沟通机制。坚持"三三二"（三公开、三张榜、两监督）工作方法："三公开"即征地政策、征迁补偿标准、征地范围公开；"三张榜"即第一榜向群众公示被征迁户的土地、房屋面积初始表，第二榜公布被征迁户的土地、房屋汇总面积和补偿经费，在第一、二榜公布期无异议后，方能进入逐表审批与被征迁户签约兑现补偿结果的第三榜公布；"两监督"即自觉接受纪检监察部门监督和群众监督，切实有效地保护了征地农民利益。

3.2.6 高标准的环境保护

清蓄电站主体工程地处大秦水库上游，自 2009 年开工至 2016 年全面投产发电全过程中，未发生任何一起因环境问题发生的安全事故事件。该成绩主要得益于以下措施：

1. 水土流失防治

清蓄电站工程施工过程中落实了水土保持专项监理、监测制度。开工建设以来，项目建设区已实施各项水土保持措施，均按主体设计和水土保持要求进行施工，并经主体监理单位验收，工程质量合格，符合水土保持要求。已实施的各项水土保持措施运行正常，未出现边坡大面积垮塌、排水沟堵塞等现象；较好地控制了水土流失。

2. 水环境保护

清蓄电站的废污水来源主要包括砂料系统和轧筛系统废水、隧洞施工废水、混凝土系统废水、含油废水（厂房设备和施工机械）、生活污水废水等。

（1）严格的水质管理措施。清蓄电站建设过程中施工生活营地均设置了化粪池、沉淀池、地埋式成套污水处理装置等设施对生活污水进行了处理，处理后的出水回收用于道路洒水；混凝土拌和楼生产废水经过沉淀池沉降，并加入酸使废水达到中性后，部分用作施工湿法作业及降尘，部分回用；机修废水选用隔油 + 气浮工艺处理后回用于道路洒水，通过一系列手段，严控含油、漂浮物、悬浮物等进入外界环境。

清蓄电站的临时生活营地和永久生活区均建设了地埋式一体化污水处理设备并稳定运行，污水处理设施采用生物膜生化法处理，出水水质能达到广东省 DB44/26–2001《水污染物排放限值》第二时段一级排放标准要求。在运行期，电站内上、下水库不存在污染源入库，厂区内经处理达标后的生活污水、隧洞内渗水均经过自流排水洞排出电站。

（2）水库的生态控制措施。为保证水库水体有一定的自净能力和保护电站内原生鱼类资源，清蓄电站上、下水库投放适量鲢鱼、鳙鱼、倒刺鱼等种类的鱼类，对抑制水库的富营养化有积极作用，控制藻类、富有昆虫和杂质的含量，保持水质高于三类水质标准。

（3）水环境的监测机制。在施工建设期和运行期均聘请了专业监测检测机构对各类生产、生活及周边水库河流进行定期监测并向社会公布。清蓄电站周边环境见图 3-2。

图 3-2　清蓄电站周边环境

3.2.7　业主深度参与的工程设计优化

清蓄公司深度参与工程设计优化，利用设计联络会、工程协调例会及专家咨询会等大幅深度优化设计方案，将质量管理的控制端前移，在策划阶段就将工程重大问题优化，如"一洞四用"、土石方平衡、地下厂房通风系统布置、施工期污废水排放、顶盖检修方式、水泵水轮机安装、设备监造及监控系统联合开发等优化方案，共计节约工期 12 个月，节约造价超过 2 亿元。

1. 长短叶片转轮

首次在国内大型抽水蓄能电站成功选用长短叶片转轮：

（1）转轮叶片是五长五短的结构形式，由于长短叶片的使用，增加了转轮叶片总面积，其单位面积所承受的荷载相应减小，最终效果是叶片正压面和负压面压力差降低，从而有效地改善转轮抗空蚀的性能。叶片直径和叶片角度的减小使水轮机工况下相对流速的叶片入流角变化减少，使转轮进口的空化特性得到提高，也减小整个出力范围的轴振动。运行试验表明其能在30%~40%负荷范围内稳定、可靠长时间运行，较好地解决了低比转速抽水蓄能机组一般都存在部分负荷运行区域运行不稳定的问题。

（2）有效解决了低比转速抽水蓄能机组低效率的难题。长短叶片转轮优化叶轮入口的旋转速度，尤其是在偏离设计工况（如部分负荷运行区域）时，减小叶轮冲角，减缓由叶轮内二次流、水流的分离和分层效应相互影响、激发形成的尾流与射流区间的速度梯度，在一定流量范围区域降低回流出现的临界速度，从而延缓回流的产生。尤其是对旋转线速度、叶片曲率大的低比转速水泵水轮机，能有效避免由于回流和脱流挤压主流（射流）空间导致能量损失急剧上升以及随生压力脉动所产生机械振动和噪声。使得水轮机运行高效率区加宽、延伸到了30%~40%负荷区段，从整体上较大提高了水轮机效率。

2. 径向主轴密封简化内容

清蓄电站大胆尝试使用径向式主轴密封。

该结构独特、新颖，其密封块布置为轴向3层，上层、中层为碳精密封，下层为树脂密封，每层周向由12块高分子材料扇形块组成封闭圆环，环抱衬套直径为1050mm不锈钢（1Cr13）的旋转轴颈。上密封环为抗大气密封，下密封环为抗水压力密封，大气压力、水压力与外面安装周向拉伸弹簧机械压力共同维系对密封件的合适的径向力和轴向力。

实现热交换的密封水分两路通入三层密封环所形成的空腔，一路通过下环通孔注入起到润滑、冷却的效果，完成循环后的密封水经过密封腔后从上环通孔流出；另一路注入顶环下部通孔，保持顶环内压力，有效地阻止了空气进入密封腔内，密封水进入上密封块循环润滑、冷却后，经顶环上部通孔流出和顶环盖溢出。

机组运行时，主轴密封端面将形成30~40μm的一层稳定的水膜，密封供水量为 362.0L/min，排水量为 192.3L/min；主辅供水均停止时，主轴密封漏水量约为 180L/min。这就意味着，即便主轴密封冷却水中断，也不致出现即断即烧损密封块的现象（实现轴向机械密封所无法达到的断水安全运行 15min 指标）。

清蓄电站主轴密封结构简单、布置紧凑、便于运行维护及更换密封件，具有轴向自由度大、径向补偿量大及对旋转轴的振动、偏摆以及水轮机轴对密封腔的偏斜敏感度不高的特点，是可逆式机组中使用寿命长、应用前景可瞻的主轴密封结构。

3. 导叶摩擦装置试验

针对清蓄电站导水机构同时采用剪断销、导叶摩擦装置二者兼而有之的结构特征，经我们建议，在厂内共抽取 3 套进行了抱轴衬套方式对摩擦环的起始滑动力矩测定。试验以导叶摩擦装置设计的起始滑动力矩（导叶最大水力矩乘以一个安全系数）来确定摩擦臂组合螺母的拧紧力矩，并按此拧紧力矩进行导水机构的预装和安装。这样，在导叶出现异常情况剪断销剪断时，失控导叶也不会在水流中随意摆动，碰伤相邻导叶及转轮。

4. 推力头和镜板采用分体结构

清蓄公司深层次分析、判断厂家下端轴、推力头与镜板同体锻造加工的设计理念，对其下端轴采用 20SiMn 合金结构钢结构进行分析，认为：其钢锭的铸造缺陷一般比碳素结构钢严重，需要较大的锻造比（一般要求 >4），而厂家委托某重型机器厂锻造的下端轴锻压比仅为 2.0~2.5，可能有悖《水轮发电机镜板锻件技术条件》"锻造时应保证足够的锻比，使整个截面得到充分的锻造。"的要求并重申了标准所要求的"当直径大于 1500mm 时，在两个平面距外圆圆周 100mm 和内外圆平均半径处，每隔 90° 测一处硬度。""镜板表面任何两点硬度差不大于 30HBW"的验收标准。同时，也为了调整下机架、推力轴承滑动面水平和机组检修创造更方便的条件，清蓄公司提出来"下端轴与推力头同体锻造、加工，而镜板仍采用碳素结构钢单独加工制造"的合理建议，最终被设备制造商采纳。

5. 球阀检修密封锁定装置渗漏试验

在球阀验收时，厂家以"锁定螺栓可能挤压变形损坏"等为由要求不再进行上游检修密封机械锁定密封试验，为了切实保障和体现检修密封锁定装置功能并根据广蓄电站一期、二期、惠蓄电站等同类型电站的实践经验及相关标准的规定，要求全面体现机械锁定在密封投入腔无压条件下上游密封的封水功能。经讨论，厂家同意进行机械锁定的密封试验，并编制了具体程序在 4 号机球阀出厂验收时进行了该项试验。最终试验的结果是：①上游侧保压 5min 期间，实测漏水量为 0.13L/min<0.21L/min；②机械锁定螺栓装置自身无渗漏；③试验结束后，机械锁定螺栓正常投退，未出现卡塞。

6. 磁极极身压紧方式的改进

清蓄电站 1 号机磁极铁芯拉紧是采用打力矩的方式，在实际操作过程中，6 根穿心螺杆在打紧力矩时出现互相牵制的异常情况，虽经多次反复调整，仍无法控制在设计伸长量范围以内。清蓄电站改进工艺，将当时国内外工厂装配磁极铁芯常规使用的双油缸卧式同步压紧装置变更为并联双拉伸油缸施工工艺，取得较好的预期效果。同时，也避免了 1 号机装配时所出现的拉紧螺杆伸长值失控、拉紧螺栓压力不均从而影响磁极几何形状和整体尺寸的弊端。

7. 轴系加工工艺改进

为了确保轴系的加工过程与加工精度受控，下端轴与转子支架采用的是一卡三托联轴同车，在两轴重量大、止口过盈配合的情况下其水平组装、分解的难度确实是很大的，机组转子支架与下端轴在卧车联轴同床车铰过程中，内、外止口整圈多处咬伤。经与厂家协商、共同编制损伤部位处理方案的同时，着手从组装工艺进行改善，由其设计部门结合 FEM 解析的基础上增设导向销改在地坑内完成直立预装并重新设定螺栓扭矩进行联轴、分解。工艺的改进，使得轴系制造质量更高。机组轴线调整（盘车）的实际效果验证了机组轴系加工达到并超过了当前国内外平均先进水平。

8. 定子线棒制作工艺及质量控制

清蓄电站 2 号机定子线棒（VPR）出厂验收时，检查出电气性能及外观质量问题，如部分线棒介损超出合同允许的性能保证值或接近合同规定的临界值、高阻大外 R 和线棒小 R 段表面绝缘褶皱等问题。现场交流耐压试验也出现部分线棒爬电放电和发光现象。高阻带搭接边缘的褶皱处，局部电阻偏高，是造成电晕的主要原因。目前，采用薄铁皮沿弯线棒曲部位定型工艺以及防晕层的包扎工艺还是必须改进的，如不进行更换可能在日后运行中影响线棒寿命，严重的可能造成线棒和定子烧毁。厂家根据清蓄公司的建议，全部用高、低阻带材料重新包绝缘并严格控制工艺，对端部铁板进行两段方式包扎，增加 VPR 过程中铁夹板与线棒端部压紧的适形性及高阻部位压力的均匀性、线棒高阻带外包一层无碱玻璃丝带，用以改善线棒 VPR 固化过程中高阻成分局部流动的不均匀，最终满足了标准和合同要求。

3.2.8 体现工匠精神的施工工艺

为了实现电站建设的质量目标，清蓄公司组织开展了"清蓄工匠"活动，跟德国工程师比工匠精神，对开挖、混凝土浇筑、灌浆及机电设备安装等工艺均设定了高于规范要求的质量目标，利用施工方案及作业指导书等有效手段，建立了一整套合理有效的精细化管理体系，在工程建设过程中提出了多项优化方案，并取得了优秀的工程建设成绩。

1. 首次提出蓄能电站地下厂房大体积清水混凝土施工技术

电站地下厂房主厂房蜗壳层底板 ▽ 37.54m 以上至发电机层底板 ▽ 56.935m 范围内的外露板梁柱混凝土和顶板、边墙混凝土（不包括楼梯）、开关站户外电缆沟及盖板均采用清水混凝土工艺施工，总浇筑方量超过 25000m³。其中地下厂房清水混凝土主要为边墙、结构柱、暗梁、楼板、机墩、风罩等大体积或异形结构体。免装修清水混凝土施工技术的应用，节约了装修成本，同时避免了因装修施工过程中产生的粉尘对机组设备的安装、运行造成影响。

2. 电站地下洞室开挖采用精细化爆破施工技术

清蓄电站地下厂房采用了分部、分层、分区控制性开挖爆破施工，形成"薄层开挖，逐层支护"，并实时进行现场量测监视，掌握最佳时机进行支护，使岩石松动圈及时闭合承载。平洞因地制宜，采用导洞、全断面开挖、上下台阶开挖等开挖施工程序，并把精细爆破技术运用在开挖全过程。同时研发一种地下洞室大小洞径贯通开挖施工方法，达到大小洞室贯通开挖成型效果，有效控制超欠挖及岩石爆破松动，与传统的开挖施工方法相比较，每一排炮循环可提前 3h 完成，整个工程至少提前 20 天，成本可降低 15%~20%。

清蓄电站地下工程精细爆破技术的应用，有效减少支护工程量，提高了大型地下洞室的整体安全稳定性。中国工程爆破协会鉴定认为"清蓄电站精细化爆破施工技术成果达到了国际先进水平，可在类似工程中推广应用"。

3. 电站输水隧道按照一洞四机布置

清蓄电站输水隧道按照一洞四机布置，上游不设置调压井，机组设备功率较大，电站设计一回出线。基于以上特点，机组的调节保证计算工况多达 50 余种，导叶关闭规律必须同时满足机组转速上升、蜗壳压力上升、尾水管真空度、上库进出水口闸门井浪涌水位、输水系统压力等各项条件。

为了达到以上要求，电站机组在抽水蓄能行业中首次进行了在发电及泵工况条件下四台机组同时甩 100% 负荷的试验。通过精心的组织，精细的管理，完备的安全措施，积极的功能设计优化，四机甩负荷试验一次性顺利完成，且实测的主要参数值与理论计算值几乎一致，完全满足各项保证值的要求。

4. 国内首次研究使用潜水起旋墩竖井旋流消能泄洪洞，提出了无闸门设计关键技术

清蓄电站由于环形堰无闸门控制，洪水一超过堰顶就溢流，堰顶低水头泄洪几率比较高，为了低水位工况水流能产生旋转效果，在同样数量的起旋墩情况下，起旋墩须与环形堰边缘切线小角度连接，但是角度越小，泄流能力越小，不能满足最大设计流量的要求。因此，通过多种方案比较，研究出一种既能在堰顶低水位时产生有效的旋转流，又能在高水位时形成强力的旋转流和增大泄流能力的起旋墩—潜水起旋墩。在现有导流洞基础上，增加竖井和固定导叶起旋墩，解决了永久泄洪问题，减小泄水建筑物规模，节省了工期和投资。避免了常规岸边溢洪道高边坡开挖施工困难、后期绿化处理工作量大、对生态环境影响大等缺点。无闸门设计，免泄洪设备维护。

5. 六个"一次成功"

清蓄电站建设过程取得了六个"一次成功",即上 / 下水库蓄水、上 / 下游水道充水、三大高压设备充电、四台机组考核试运行、动水关球阀试验及四台机满载甩负荷试验等均一次成功,工程实体质量经受住了严苛考验。电站质量评价结论为"高质量等级优良工程",主厂房建筑安装工程获得"2019 年度中国电力优质工程"称号。

6. 首例抽蓄电站监控系统国产化

电站监控系统是国内首次由清蓄公司技术人员深度参与设计,与生产厂家联合开发的成果。清蓄公司组建了一支专业团队,凭借多年蓄能机组运行控制经验,发挥主导作用,成功设计开发了电站监控系统的控制逻辑,实现了清蓄电站核心控制程序完全国产化。清蓄机组具有程序量大、工况转换流程多、控制对象多、机组间交叉配合多、各种设备间安全闭锁多等诸多特点,包含了机组设备控制逻辑、SFC 和背靠背拖动控制逻辑、过渡过程控制逻辑、厂用电备自投切换逻辑、AGC/AVC 控制策略等诸多程序。在设计过程中,专业团队充分考虑了各设备的运行特点和接口要求、各种故障和紧急情况下的设备动作要求、设备之间的安全联锁和协调配合要求。为了验证效果,清蓄公司自主设计开发了一套监控程序仿真测试软件,高效完成了清蓄监控程序的功能测试工作,有效保证了机组控制程序的正确性、安全性及设计的合理性。同时,还自主设计开发了一套清蓄机组流程故障智能辨识系统,实现了机组流程故障直接原因的"秒级"定位。

3.3 项目建设经验及启示

3.3.1 厂房勘探洞"一洞四用"

对于国内大多数大型水电站来说,如果选用地下式厂房,通常在可行性研究阶段需要布置勘地质探洞(简称"探洞")对地下围岩情况进行勘查。电站工程探洞经过优化设计，采用"主探洞与厂房永久通风洞结合，开挖断面按纯探洞尺寸"的方案。除地下厂房及高压岔管区地质条件勘查外，还兼有永久通风洞施工导洞、地下厂房Ⅰ、Ⅱ层施工开挖出渣洞导洞以及尾调通气洞施工通道等作用。清蓄电站工程探洞"一洞四用"，从预可研开始直到工程施工阶段一直在发挥其作用，通过阶段工作的局部重叠将清蓄电站工程关键路线工期缩短了半年，节省投资4356.11万元。

3.3.2 贴坡式进出水口设计

电站进出水口采用贴坡式混凝土盖重设计，经实践证明，这是一种成功的设计形式。该种形式施工期浇筑便利，结构安全，运行管理方便，并且经济实用。清蓄电站贴坡式进出水口见图3-3。

图3-3　清蓄电站贴坡式进出水口

3.3.3 竖井导流泄洪洞

电站上、下库泄洪洞与施工期导流洞合并布置，同时泄洪洞采用旋流环形堰竖井泄洪洞方式。该种泄洪方式是业界首次研究的新型泄水建筑物，它同传统的环形堰泄洪洞采用防旋消涡和增设掺气装置截然相反，而是采用一种特殊的起旋墩，使环形堰竖井产生稳定的、空腔旋转流运动，利用旋流离心力消除溢流堰和竖井的负压，同时旋流空腔自然掺气可防止结构物空蚀和提高消能率。清蓄电站竖井导流泄洪洞见图 3-4。

图 3-4　清蓄电站竖井导流泄洪洞

潜水起旋墩结构和优化布置以及旋转流运动机理是旋流环形堰核心的创新成果，利用这一成果既能在堰上低水位时产生旋转流运动，又能在高水位时通过最大泄流能力。洞内利用集水消力墩和带有掺气短管的顶压板所构成的压力消能，增加消能率，同时在任何泄流工况下竖井下部都能形成水垫，消力墩下游产生无负压的旋滚流，同时压板下游的负压漩涡也消失，下游洞内形成比较平稳的明流流态，这也是一项重要的创新成果。环形堰断面采用简单的 1/4 椭圆曲线取代复合高次曲线，无负压，方便施工。同时，将施工期的导流洞与运行期的泄洪洞相结合，该种布置方式还有效节省了工程投资，经对比测算，该种泄洪方式比传统溢洪道节约了 3000 万元。

3.3.4 施工土石方平衡

对于电站建设能耗集中的项目－土石方开挖工程和坝体填筑工程，在项目设计、施工方案编制等环节进行充分论证，以做到土石方平衡，减少对环境的破坏，将坝体型式创新性设计为黏土心墙堆渣坝，充分利用公路、生活区开挖废料，填筑坝体。与常规的钢筋混凝土面板堆石坝方案相比，可充分利用石方约 119.5 万 m^3，节约投资约 1492.2 万元；与碾压混凝土重力坝方案相比，可充分利用石方约 234.8 万 m^3，节约投资 7174.6 万元。

3.3.5 地下洞室精细化的爆破开挖技术

清蓄电站地下厂房开挖过程中采用"薄层开挖、随层支护"的方法，并实时进行监控，及时对开挖爆破参数进行调整，有效地保证了开挖质量、防止围岩破坏、控制厂房边墙变形。清蓄电站地下工程在经过精细化施工后，控制爆破效果良好，开挖成型良好，相关技术指标超过设计和规范要求，对围岩的开挖爆破损伤小，为地下洞室的长期安全稳定运行打下了良好的基础。

3.3.6 大范围采用光面混凝土技术

清蓄电站地下厂房主厂房蜗壳层底板▽ 37.54m 以上至发电机层底板▽ 56.935m 范围内的外露板梁柱混凝土和边墙混凝土（不包括楼梯）、开关站户外电缆沟及盖板均按照光面混凝土工艺（即清水混凝土工艺）施工。总浇筑方量超过 25000m^3。其中地下厂房采用光面混凝土浇筑的结构体型主要为边墙、结构柱、楼板、机墩、风罩等。

在施工前，清蓄公司组织水电十四局清蓄项目部做了 270 余组工艺试验，确定了各部位混凝土配合比及各部位模板材料及相应外加剂。对混凝土骨料生产、拌和物拌制运输严格控制；在浇筑阶段引入 WHS 质量控制手段，业主和监理对关键工序进行旁站；浇筑后及时养护；成型后及时涂刷保护剂。根据施工质量检测结果，光面混凝土一次验收合格率 100%，优良率 96.99%。清蓄电站光面混凝土示意图见图 3-5。

图 3-5　清蓄电站光面混凝土示意图

3.3.7　坝基强风化变质石英砂岩补强处理

2013 年 4 月，上水库下闸蓄水，随着水位上升，主坝坝后量水堰水量增加明显。在上水库水位达到 611m 高程时，量水堰水量达到 80L/s，右岸 3 号监测孔绕渗同库水位相关性明显。后经渗水检测、咨询分析、评估鉴定认为上水库主坝渗水主要原因为基础的浅层强风化带和弱风化上带的变质石英砂岩浅层渗漏。

考虑到清蓄上库黏土心墙坝作为结构复杂的土石坝坝型，没有灌浆廊道，只能从坝体表面开孔进行基础补强灌浆。变质石英砂岩渗水处理主要为通过补强灌浆消除原帷幕体的缺陷，减少坝基渗水。结合渗水原因分析结果和现场灌浆试验，主要处理范围在原取消固结灌浆的强风化带和弱风化上带区域，即 583m 高程以上基础部位，因而在主坝左右岸基础 583m 高程以上原帷幕轴线上游 0.5m 处按照 1m 间距布置补强灌浆孔（分为三序）。

施工过程中，心墙采用带膨润土泥浆的干钻钻进至盖重板，浸润线以下采用泥浆护壁，下设 $\phi110$ 套管保护心墙；钻进盖重板 50cm，镶嵌 $\phi90$ 套管，用水泥球镶筑，以避免基岩钻灌时，影响心墙；分段卡塞式对基岩灌注水泥膨润土浆液，充填式灌浆为主，8：1 水灰比起灌，缓慢升压，逐级变浆，灌浆过程严格控制压力和流量，避免对基岩产生劈裂；灌浆完毕后，拔出心墙内套管，采用浓膨润土水泥浆（膏状浆液）进行封孔。

完成补强处理后，主坝右岸 3 号绕渗监测孔未探测到水位，主坝量水堰最大渗水量为 13.8L/s（该数据包含了水库蓄水前约 10L/s 量水堰测值），与库水位无明显相关性，渗水量小于设计允许值。补强处理效果得到了业内专家的高度认可。

3.3.8 三维可视化与仿真技术应用

电站在基建期就引入了数字化水电厂的建设理念，将三维可视化与仿真技术应用到电站基建及运行期。在设备安装阶段就将模型数据精确导入，运用地表倾斜摄影建模及水工枢纽建构筑物点云建模将电站枢纽建筑物及机电设备参数化、信息化，建成了三维可视化仿真平台，实现了三维全景漫游、信息可视化展示、二、三维系统联动、智能监测预警、交互式操作模拟及设备拆装模拟等功能。

3.3.9 首例监控系统国产化

清蓄电站监控系统是国内首次由业主技术人员深度参与设计，与生产厂家联合开发的方式进行。清蓄公司组建了一支专业团队，凭借多年蓄能机组运行控制经验，发挥主导作用，成功设计开发了电站监控系统的控制逻辑，实现了清蓄电站核心控制程序完全国产化。

清蓄机组具有程序量大、工况转换流程多、控制对象多、机组间交叉配合多、各种设备间安全闭锁多等诸多特点，包含清蓄电站的机组设备控制逻辑、SFC 和背靠背拖动控制逻辑、过渡过程控制逻辑、厂用电备自投切换逻辑、AGC/AVC 控制策略等诸多程序。

在设计过程中充分考虑了各设备的运行特点和接口要求、各种故障和紧急情况下的设备动作要求、设备之间的安全联锁和协调配合要求。为了验证效果，清蓄公司自主设计开发了一套监控程序仿真测试软件，高效完成了清蓄监控程序的功能测试工作，有效保证了机组控制程序的正确性、安全性及设计的合理性。同时也自主设计开发了一套清蓄机组流程故障智能辨识系统，实现了机组流程故障直接原因的"秒级"定位。

3.3.10 其他设计优化

3.3.10.1 施工期发挥效益的自流排水洞

清蓄电站地下厂房采用自流排水方案。该方案最大的优点是为施工期地下洞室的通风、排水创造有利条件，为现场安全文明施工创造有利条件，优点具体如下：

（1）由于自流排水洞布置在地下洞室的最低高程位置，因此施工期所有废水均可以通过自流的方式由该洞排出，同时还可以对废水进行集中环保净化处理，大大提高了施工期及运行期的安全文明施工形象。

（2）该洞作为地下厂房与外界联通的出口，在底层贯通后就可以作为后续施工空气对流的通道，极大地改善了地下厂房混凝土浇筑及机电安装的工作环境。

（3）该方案在极端条件下，可以有效地避免水淹厂房。永保厂房不被水淹，永久保障电站设备的有效运行，保证电厂安全稳定运行。

（4）自流排水方案还可以节省工程投资。在能耗方面，自流排水方案较泵排方案可节省运行期的排水用电量约为 88 万 kWh/ 年，合约 64 万元 / 年，年运行费用较泵排方案少得多。另外，电站的自流排水洞可提前施工，作为地下洞室群施工期自流排水系统，可节约施工期厂房施工期排水用电量约为 55 万 kWh，合约 40 万元，自流排水方案工程投资比泵排方案节省 436.7 万元，减少约 13.5%，并且该方案运行管理简单方便，达到了工程建设和运行管理上的节能降耗目的。

3.3.10.2 施工期发挥效益的地下工程通风系统

清蓄电站采用交通洞、进风出渣洞及排风竖井作为厂房施工的通风通道，形成"两水平、一竖直"的通风模式，自然形成"烟囱效应"，且交通洞、进风出渣洞从厂房一侧进风，排风竖井从厂房另一侧排风。提前开挖排风竖井，在施工期作为施工集中排烟通道。该模式尽可能利用自然通风，只在夏天外界气温高气流上升的情况下安装 1 台 37kW 的风机向地下洞室强迫送风，在大大改善地下厂房施工条件的同时，有效地节约了工程投资。据统计，自清蓄电站排风竖井 1.4m 一次导井贯通后（2010 年 10 月 24 日）至地下厂房土建开挖完成（2012 年 1 月 31 日），仅地下厂房送风一项就节约电量约 155 万 kWh，合约 110 万元。运行期年平均至少可节省通风设备用电 87.6 万 kWh（合约 63 万元），降低电站长期运行能耗。

3.3.10.3 变坡式的高压电缆洞

电站高压电缆洞为斜井，原设计坡度为 27°，施工方案为上山法进行爆破开挖。但在 27° 的缓坡上，爆破后的石渣将无法通过自身重力滑至坡底，必须通过外力才能完成除渣，专业出渣设备（扒渣机）无法在 25° 以上的坡度作业。以前水电项目的经验是通过人工出渣，人工出渣一是安全风险高，二是工作效率低，三是费用大。清蓄公司对该施工方案进行了优化，采用（电缆洞上半部分）下山法和（电缆洞下半部分）上山法相结合的方案进行爆破开挖。下山法开挖坡度定为 22°，开挖部分采用扒渣机进行出渣。上山法开挖部分坡度定为 35°，开挖爆破时，在洞底板铺设钢板，使石渣通过自重自然滑至坡底进行出渣。不仅有效降低了施工难度，缩短了施工工期，同时降低了施工成本。

3.3.10.4 地下厂房厚板梁结构

电站地下厂房混凝土项目采用一机一缝、厚板梁的结构设计。该种结构是南方地区第一次在抽水蓄能项目上采用。电站主厂房结构属双向板无梁楼盖。无梁楼盖是由楼板、柱组成的板柱结构体系，楼面荷载直接由板传给柱及柱下基础。因此这种结构缩短了传力路径，增大了楼层净空。

3.3.10.5 统一规划地下洞室施工期风水电布置

地下厂房开挖及混凝土浇筑的风水电管均由洞外接引至工作面。其中风管悬挂于洞室顶端，水电管路利用钢结构支架布置在洞室侧壁，照明位于顶拱 120° 位置，该种布置方式既保证了作业面的交通安全，又能够很好地达到安全文明施工要求。同时由于事前统一规划，风水电的管路容量均是按照地下厂房施工期所需要的最大容量来布置，因此在众多单位交叉施工的部位，也不会出现因风水电管路布置凌乱等情况。

3.3.10.6 斜竖井施工提升设备采用矿用绞车

电站斜、竖井混凝土施工在全国范围内首次将提升设备由卷扬机改为了绞车，大大提升了斜竖井的施工安全。同时对斜井运输小车加装了三级安全保护装置，确保了混凝土及后续灌浆施工的安全。

3.3.10.7 充水前地质勘探孔严格封堵

电站输水隧洞充水前，对勘探期的地质孔进行了地毯式的排查，确保在充水前所有孔洞都按照设计要求，在监理旁站下进行了严密的封堵，保证了水道一次充水的成功。

3.3.10.8 地质缺陷的灌浆处理

1. 引水洞段灌浆处理

电站水道在斜井（f71）、中平洞、下平洞存在两处（f26、f27）受断层影响严重洞段，特别是中平洞。隧洞灌浆采用"水泥浆为基、化学浆强化"的复合灌浆理念，即水泥灌浆为主，化学灌浆主要用于加固隧洞衬砌砼与围岩的接缝、围岩松动圈及断层等地质缺陷。化学灌浆孔与水泥灌浆孔环内、环间错开布置，先进行水泥灌浆，再进行化学灌浆。另外，根据实际灌浆过程中各种灌浆孔的单耗情况，在单耗较大的孔周围布置随机加密孔进行加密灌浆。

2. 堵头及尾水闸门灌浆处理

电站堵头灌浆设计采用了"化学灌浆封孔"及"深孔灌浆"的理念，目的是将堵头段的固结圈强化，将外水推得更远。在施工过程中，将所有水泥灌浆孔用化学浆液封孔，采取"灌浆孔深以达到透水构造带为标准"的理念，布置 6~15m 的深孔，全面加强围岩灌浆效果，最终将所有堵头段透水率控制在 0.5Lu（吕荣）以下，同时对一期混凝土和围岩接缝、一二期混凝土接缝埋管进行化学灌浆，充水后堵头混凝土表面达到了完全干燥的效果。

3.3.10.9 地下厂房上游边墙防渗技术

电站地下厂房上游墙体防渗采用铺防水卷材、主厂房发电机层以下排水沟沿四周布置。对比广州、惠州抽水蓄能电站的建设经验，清蓄电站地下厂房上游边墙采用铺设防水卷材、合理设置排水沟的设计，能够有效地结合水道系统防渗布置，对后续光面混凝土施工及机电安装提供干燥整洁的环境，同时为运行期安全生产运行提供有利条件。

3.3.10.10 管线敷设三维设计

首次在蓄能机组厂房应用二次管线敷设三维设计技术。解决了以往蓄能电站建设过程中桥架管路互相干扰、设备布置凌乱、运行环境差等问题，使得厂房整体布置由平面进化为立体，在设计阶段就能解决管路、桥架间交叉矛盾及电缆敷设路径规划，大幅度减少了现场协调工作，提高了效率，节约了材料、加快了工程进度。清蓄电站管线敷设三维设计见图 3-6。

图 3-6　清蓄电站管线敷设三维设计

3.3.10.11 BOP 设备选型优化

清蓄公司从招标开始就全程深度介入电站的 BOP 设备选型工作。中标后改进原设计中落后、保守的部分，结合当前主流和先进的 BOP 设备，优化改进了高压注油泵油泵、水泵水轮机导轴承油冷却器、发电电动机下导好推力轴承冷却器、技术供水过滤器等关键 BOP 设备的选型上，提出修改建议 100 余次并被生产厂家采纳，大大提高了整个电站的自动化水平和运行可靠性。在调试期间，没有因 BOP 设备原因发生启动不成功和跳机问题。

3.3.10.12 水道混凝土钢筋单层布置

电站水道系统全长 2766.85m，采用钢筋混凝土衬砌，单层钢筋布置，衬砌厚度 60cm。设计水头 470m，最大净水头 502m，在该水头级别的抽水蓄能电站高压混凝土岔管段采用单层钢筋设计在全国范围内尚属首次。

3.4 结语

作为百万级抽水蓄能电站，清蓄电站的前期工作用了 3 年时间，征地移民、国土报批用了 1 年时间。电站全面投产的同时，完成了征地移民专项竣工验收，实现了"六个一次成功"，电站实体质量经受住了严苛的考验，受到了南方电网公司的嘉奖，并在 2021 年获国际工程界"诺贝尔奖"—菲迪克奖，2022 年获得中国土木工程詹天佑奖。清蓄电站山清水秀，环境优美，已经成为清远北江上一颗璀璨的明珠。清远抽水蓄能电站的建设管理经验、创新成果，在后续电站的建设中有借鉴价值。

第 4 章

深圳抽水蓄能电站
——首个超大型城市内大型抽水蓄能电站

深圳抽水蓄能电站（简称"深蓄电站"）于 2017 年 11 月投产，装机容量 120 万 kW，是我国首个超大型城市内大型抽水蓄能电站。

4.1 工程概述

4.1.1 工程背景

广东省电力平衡结果显示，在考虑西电送入、广东省内小火电退役和省内基本确定的电源项目情况下，"十二五"期间，广东电力市场存在约 16456MW 的电源发展空间，"十三五"期间存在约 22949MW 的电源发展空间。广东电网存在较大的电力市场空间，从适应广东电力需求的快速增长，满足电力供应的安全性和可靠性来讲，深蓄电站的建设是适应广东电力市场扩展的需要。随着负荷的不断增大，广东电网对调峰容量的需求量日益增大，深蓄电站位于负荷中心地区，有较好的调节性能，它的建设将进一步提高广东电力系统调峰能力，提高调峰裕度，增强系统运行的灵活性，降低广东省内火电及西电的调峰幅度。

建设深蓄电站对"西电东送"及西部大开发的支持主要表现在运行的经济性和安全稳定性两大方面。运行经济性体现在：建设深蓄电站，能够改善送端电源的运行环境，提高送端电源中火电的运行效率和年利用小时数；减少西电汛期低谷弃水，提高西部谁能利用程度；提高输电线路的利用率，降低输电成本安全稳定性体现在：建设深蓄电站，可为受端系统提供有力的调相调压手段是受端系统安全运行的重要保障；抽水蓄能电站响应速度快、启停灵活，是系统运行过程中事故应对最为有力和有效的措施。建设深蓄电站也是提高深圳电网自身抗灾能力的需要，是节约能源，保护环境，促进社会经济可持续发展的需要。深蓄电站示意图见图 4-1。

图 4-1   深蓄电站示意图

4.1.2 建设规模及枢纽布置

深蓄电站位于深圳市东部，距大亚湾核电站约 32km，距香港约 30km，是南方电网在广东建设的第四座抽水蓄能电站，是广东省和深圳市重点建设项目。

深蓄电站安装 4 台 30 万 kW 的立轴单级可逆混流式机组，总装机容量 120 万 kW，采用 4 回 220kV 线路接入深圳电网，其中 2 回接入 220kV 远丰变电站，2 回接入 500kV 深圳变电站。设计平均年抽水耗电量 19.55 亿 kWh，平均年发电量 15.11 亿 kWh，静态投资 49.48 亿元（4123 元 /kW），动态投资 59.79 亿元（4982 元 /kW），管理线内面积 131 万 m²，征地面积 3.5 万 m²，工程无移民。

深蓄电站枢纽工程主要由上水库、下水库、输水发电系统及地下厂房洞室群等辅助工程等组成。上水库由 1 座主坝、5 座副坝组成，其中主坝和 4 号副坝为混凝土重力坝，其余 4 座副坝为风化土心墙石渣坝。主坝坝顶长 335m，最大坝高 57.8m。总库容（校核洪水位以下）有 964 万 m³，正常蓄水位对应库容为 897.46 万 m³，发电调节库容 825.24 万 m³，正常蓄水位：526.81m，死水位是 502m。深蓄电站上水库见图 4-2。

上水库：由1座主坝、5座副坝组成
主坝和4#副坝为碾压混凝土重力坝
其余4座副坝为风化土心墙石渣坝
主坝坝顶长335m，最大坝高57.8m。

总库容（校核洪水位以下）：964万m³
正常蓄水位对应库容：897.46万m³
发电调节库容：825.24万m³
正常蓄水位：526.81m　死水位：502m

图 4-2　深蓄电站上水库

　　下水库利用龙岗区已建的铜锣径水库进行扩容改建而成（与深圳市水务局合作建设），枢纽建筑物包括 1 座主坝、3 座副坝、溢洪道、输水（放空）洞、库周防渗等，主坝最大坝高 50m，调节库容 1625 万 m³。深蓄电站下水库见图 4-3。

下水库：由1座主坝、3座副坝组成
均为风化土心墙石渣坝
主坝坝顶长433m，最大坝高47m。

总库容（校核洪水位以下）：2363万m³
正常蓄水位对应库容：1882.5万m³
发电调节库容：825.24万m³
正常蓄水位：80m　死水位：60m

图 4-3　深蓄电站下水库

输水发电系统布置在上、下水库之间的山体内，引水及尾水系统均采用一管四机方式。水道系统输水隧洞总长 4722m，洞径 9.5m，一管四机布置，距高比 9.48。厂房系统由主副厂房、主变室、尾闸室等组成；厂房长 164.5m、宽 24.5m、高 55m。深蓄电站输水发电系统见图 4-4。

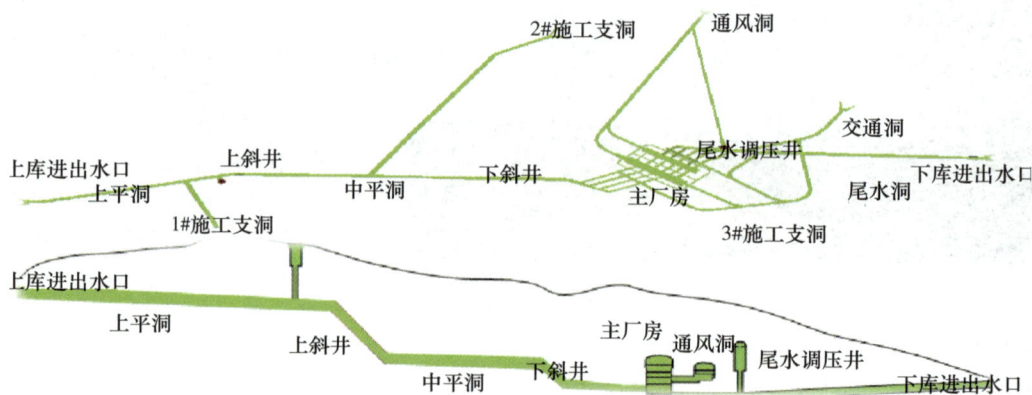

图 4-4　深蓄电站输水发电系统

4.2 项目突出亮点和特点

4.2.1 首座在超大型城市内建设的大型抽水蓄能电站、社会效益显著

深蓄电站位于深圳市盐田区和龙岗区交界处，距大亚湾核电站约 32km，距香港约 30km，是南方电网在广东建设的第四座抽水蓄能电站，是广东省和深圳市重点建设项目。

深蓄电站项目前期工作最早从 1979 年开始，经历了规划选点、预可行性研究、电网规划论证、项目建议书、同意开展前期工作、可行性研究、项目转让、可行性研究复核、项目申请报告、项目核准诸阶段，2011 年 11 月，国家发展和改革委员会以《国家发展改革委关于深圳抽水蓄能电站项目核准的批复》（发改能源〔2011〕2393 号）正式核准电站项目。在工程建设中，深蓄公司严格控制进度计划，主体工程实际开工时间为 2012 年 10 月 28 日，较计划时间提前 6 个月；首台机组实际投运时间为 2017 年 11 月 30 日，较计划投运时间提前 1 个月；末台机组实际投运时间为 2018 年 9 月 25 日，较计划投运时间提前 3 个月，实际总工期 71 个月。

深蓄电站是南方电网首座全面国产化设计、制造、安装、调试的抽水蓄能电站，电站单机容量 30 万 kW，额定转速 428.6r/min，飞逸转速 659.6r/min，其飞逸转速与额定转速比值高达 1.538，为同期国产高转速抽水蓄能机组（400r/min 以上）中比值最高的，设计、制造难度大。深蓄周边环境见图 4-5。

图 4-5 深蓄周边环境

深蓄电站的落成，不仅强化了粤港澳大湾区的能源供应体系，更作为中国特色社会主义先行示范区建设的重要能源支柱，彰显了其战略价值。2018 年，电站的全面投产赢得了业界的广泛关注，荣登"中国水电十大新闻事件"，其中，《粤港澳大湾区有了超级"充电宝"》的报道更是荣获第二届中国电力工程新闻奖二等奖，彰显了其行业影响力。同年 12 月，电站成功完成全电压等级黑启动试验，成为深圳电网首个通过实战验证的快速、可靠黑启动电源，进一步巩固了其在电网安全稳定运行中的关键地位。此外，深蓄电站秉持环保与融合的设计理念，致力于打造人与自然和谐共生的生态空间，深度融入城市发展，积极履行社会责任。早在2009年，电站就凭借其在深圳第十一届国际高新技术成果交易会上的抽水蓄能展示（模型沙盘），荣获优秀展示奖，展现了其在科普教育及技术推广方面的前瞻视野。2021年9月24日，深蓄电站被深圳市科学技术协会认定为"深圳科普基地"，成为华南地区首个抽水蓄能科普教育基地。同时，电站已建立起市民游客入场登记和安全提醒机制，累计接待市民超过40万人次。在广大市民游客进行参观的同时，深蓄公司结合"四个自信"（深圳）宣传阵地，借助广东省科普教育基地、全国水电科普教育基地、电力科普教育基地优势，同步开展科普宣传，常态化开展电力科普活动，积极向社会介绍和普及抽水蓄能电站的功能和作用、宣传双碳目标的意义和实施路径。如今，电站的上库区域已发展成为深圳市民休闲、健身的热门场所，深蓄公司也因此荣获最佳公益支持单位的称号，充分体现了其在促进地方经济发展、提升民众生活质量方面的积极作用。

4.2.2 工程项目前期准备充分

（1）项目征地程序合法、合规，所涉及移民都得到妥善安置，移民安置工作通过了政府组织的竣工验收。深蓄电站项目符合国家土地供应政策和产业政策，工程征收土地程序合法，补偿安置措施切实可行，符合土地管理法律、法规的规定。2019年5月29日、9月12日分别通过深蓄电站龙岗区范围征地移民安置竣工专项验收、深蓄电站盐田区范围征地移民安置竣工专项验收。

（2）项目勘察设计单位资质符合规范要求，设计进度和质量满足项目建设要求。深蓄电站工程可行性研究设计、招标设计及施工图设计等设计工作，由广东省水利电力勘测设计研究院承担。该单位满足项目设计单位资信要求，具有较好的资质及工程相关的经验、业绩。同时，设计单位通过制定有效的设计进度、质量管理措施并严格执行落实，保证了工程设计符合国家有关法律、法规、规程规范，保障了深蓄电站工程顺利投产运行。

（3）项目按照"公平、公正、公开"的原则开展招投标管理工作，最大程度地节约工程投资，降低工程造价。深蓄电站工程施工、监理等各项招投标管理工作，依托国家有关招投标的法律、法规以及中国南方电网有限责任公司的招投标管理制度，按照"公平、公正、公开"的原则，通过制定科学合理的评标管理办法，严把投标单位的资质审查，保证了各中标单位都是择优确定，最大程度地节约工程投资，降低工程造价。同时，项目单位按照规范要求与各中标单位签订了服务合同，合同内容规范，提升了项目规范化管理水平。

（4）项目资金融资方案合理，资金到位及时，保证了工程建设资金需要。深蓄电站主要通过资本金、基建拨款、银行借款、债券等方式筹集项目建设所需资金，融资方案合理。电站建设期间工程资金到位及时，保证了工程建设资金的需要，没有因资金问题影响工程建设。

（5）项目开工准备工作充分，满足工程开工建设需求和相关管理规范要求。深蓄电站工程开工建设前：项目法人已成立、可行性研究报告及总概算已批复、项目资本金和融资方案已落实、项目施工组织设计大纲已经编制完成、项目主体工程的施工单位已经确定、通过招标确定了设计单位且主体工程施工图纸可满足连续施工三个月需要、项目施工监理单位已通过招标确定、项目征地及移民工作满足现场连续施工条件、项目所需建筑材料已落实来源和运输条件等各项开工准备工作已有效落实，满足《关于基本建设大中型项目开工条件的规定》要求。

4.2.3 工程安全、质量、进度控制有效，投资水平控制良好

（1）项目始终以健全的安全管理组织机构为基础，完善的安全管理文件体系为保障，严格的施工现场的安全检查和监督为手段，各参建单位安全管理措施落实情况较好，全面实现安全管理目标，安全生产管理体系达到"三钻四星"管理水平。

深蓄公司严格执行安全生产"四步法"、机械设备"八步骤"管理，将风险管

控传递到作业人员，落实到现场施工。项目建设期间，全过程未发生一般及以上安全事故，未发生重大社会影响事件，安全生产管理体系达到"三钻四星"管理水平。

（2）项目质量管理的方针和目标明确，质量管理组织机构健全，质量管理措施落实有效，工程建设质量目标圆满实现；先后获评"南方电网优质工程""中国电力优质工程"等多个奖项。

深蓄电站工程所有单位及分项工程及设备质量均达到合格要求。经验收评定，深蓄电站主体工程共完成单元工程评定 7092 个，合格率 100%，优良率 93.75%。其中，土建工程共完成单元工程质量评定 5666 个，合格率 100%，优良率 93.2%；机电及金属结构项目共完成单元工程质量评定 841 个，合格率 100%，优良率 99.41%；安全监测工程共完成单元工程质量评定 585 个，合格率 100%。深蓄电站投产后第一年完成工程地基基础及结构、绿色施工、新技术应用、工程质量评价工作，被评价为高质量等级优良工程，先后获评"南方电网优质工程""中国电力优质工程"，并获得"广东省五一劳动奖状""全国青年文明号""广东省档案金册奖"等荣誉。

（3）项目制定了科学合理的进度计划及进度控制措施且落实情况较好，项目进度管理目标圆满实现；投产后一年内完成消防、水保、劳安、环保、征地移民、枢纽、档案 7 个专项验收，刷新了国内大中型水电项目竣工专项验收最快纪录。

深蓄电站项目建立了层次明晰的进度计划管理体系和责任明确的进度管理制度。项目从合同开始就重视进度控制，以里程碑计划为指导统筹协调各项工作，进度总体控制较好。项目主体工程于 2012 年 10 月 28 日开工，2017 年 11 月 30 日首台机组投入运行，2018 年 9 月 25 日机组全部投入运行，较计划工期提前 3 个月，实现进度管理目标。深蓄电站投产后一年内完成消防、水保、劳安、环保、征地移民、枢纽、档案 7 个专项验收，刷新了国内大中型水电项目竣工专项验收最快纪录。

（4）项目投资控制水平良好，造价水平在全国属于先进水平。

根据工程竣工决算审核报告，项目实际含税总投资 484255.23 万元，较批复的项目总投资 597860.26 万元结余 113605.03 万元，结余率为 19.00%。

4.2.4 深入贯彻"绿色设计、绿色施工"理念，保护自然生态

深蓄电站始终深入贯彻"绿色设计、绿色施工"理念，坚持从以下方面保护自然生态。

（1）深蓄电站年设计发电量 15.11 亿 kWh，通过机组的调峰、填谷作用，可有效减少电力的损耗，提高能源利用率。以火力发电计，电站每年可减少 1.5 万 t 二氧化硫、1511 万 t 二氧化碳的排放；

（2）做好绿色设计，最大限度保护自然生态。工程设计阶段高度重视环保工作，对电站内连接道路等进行设计优化，减少土石方开挖量近 12 万 m³，减少植被破坏近 2.2 万 m³；优化施工布置，做好施工进度规划，充分利用好施工阶段性闲置用地，在工程管理线内面积为 131 万 m² 的情况下，仅征地 3.5 万 m²，极大降低了工程施工对自然生态环境的影响。

（3）做好绿色施工，同步进行植被移植和生态恢复。工程林草植被恢复率为98.6%，林草覆盖率为 32.2%。其中，栽植乔木 20949 株、栽植灌木 77682 株等。通过移植风景林及双拥林共 26026 株，减少了对 320 亩的林木的破坏；另外移植了 3 株红锥、2 株罗浮栲、3 株国家二级保护植物樟树，有效降低对珍稀和古树的破坏。

（4）做好绿色创新，竭力保障水库水质。针对下水库为深圳市供水备用水库，创新采用地下厂房排水系统"清污分排"设计，分别设置清水、污水两套独立的排放系统，确保水库水体达到 Ⅱ 类水质标准，满足市民饮用水质要求；针对生产废水，创新采用 MBR 一体化污水处理系统，处理后出水达到广东省第二时段一级排放标准。

正是由于对自然生态环境的严格保护和对工程质量的严格管控，深蓄电站工程顺利完成了环境保护验收等全部八大专项验收和竣工总验收，并荣获"2020 年度国家优质工程""中国环境保护产业协会 2020 年重点环境保护示范工程"等荣誉。深蓄水库水质优良见图 4-6。

图 4-6　深蓄水库水质优良

4.2.5 摸索出一套全新的国产抽水蓄能机组启动调试管理模式

深蓄电站首次由国内主设备供应商负责四台机组的启动调试工作，创新"业主＋主机厂＋机电安装公司"机组启动调试管理模式，实现了高压设备充电、机组启动并网一次成功，带动了行业发展，为机组国产化技术升级作出积极贡献。从调试技术指导文件、管理细则、调试方案等文件编制，到调试现场人员、设备安全风险防控，再到试验数据的整理、分析以及故障排除，摸索出一套全新的国产抽水蓄能机组启动调试管理模式。通过国产化抽水蓄能机组结构设计、制造技术研究，实现了全部 4 台机组调试一次启动成功、一次并网成功、一次抽水成功、所有工况转换均一次性成功，实现了 220kV 零跳闸、主要电气设备零损坏。相关技术研究成果应用于丰宁、荒沟、文登、周宁、梅州、阳江等抽水蓄能电站，有力促进了我国抽水蓄能产业的技术升级。深蓄电站首台机组定子吊装见图 4-7。

机组投运以来运行稳定，未出现较大以上影响机组运行的缺陷，机组启动响应快、稳定性高，运行情况符合设计预期运行结果。主变压器及 220kV 设备、全厂辅助设备及二次设备均运行稳定，未出现过较大设备缺陷。电站机电设备总体情况运行良好，机组容量大、调频调压能力强，满足系统调度调峰填谷、调频调相及紧急事故备用等要求。同时，深蓄公司制定了严密的设备运行巡检、检修等制度，并严格按照计划开展设备的巡检、检修、预试等工作，确保了深蓄机电设备安全稳定运行。

图 4-7　深蓄电站首台机组定子吊装

4.3　项目建设经验及启示

深蓄电站是一座在超大型城市内建设的大型抽水蓄能电站，其建设过程主要面临以下六个主要难点：

（1）电站位于超大型城市内，工程建设制约因素多，如土地使用、爆破施工、环保水保等方面；

（2）是机组设备全面国产化，国内厂家高转速机组设计制造经验尚不足（相关厂家在深蓄项目之前没有独立做过转速超过 400r/min 的蓄能机组）；

（3）首次由国内主机厂承担机组整组启动调试工作；

（4）上斜井长 381m，为目前国内已建项目最长的大洞径斜井，施工安全风险高；

（5）输水隧洞（含高压岔管）采用钢筋混凝土衬砌，这也是南方电网抽水蓄能项目的特色，国内类似项目绝大多数采用全钢管衬砌以及钢岔管，另外中平洞地下水丰富，渗水量大；

（6）下水库作为深圳城市供水水源，对环保要求高。

针对以上问题和困难，深蓄电站在设计、施工、运营等方面，大胆优化和创新，积极运用新材料新技术、新工艺、新设备等，不但降低了工程建设总成本，提高工程质量和安全文明施工水平，而且为后续同类工程建设提供了有力的借鉴。

4.3.1 技术创新，节省工程投资

（1）优化引水隧洞高压段灌浆参数，减少化学灌浆工程量，节省工程投资约2300万元。

（2）上下库连接道路线性设计优化10余处，并在靠近东部华侨城的陡坡段采用隧洞代替明挖方案，减少土石方开挖量近30万 m^3，减少植被破坏近3.8万 m^2，节省投资约2500万元。

（3）优化施工组织设计，取消下平洞施工支洞，节约施工支洞开挖支护和下平洞高压堵头封堵工程量，节省工程投资约350万元。

（4）结合现场地形和地质情况，开展上游调压井结构布置设计优化，降低调压井上室边坡开挖高度近20m，减少边坡开挖量约1.75万 m^3，减少植被破坏1200m^2，节省投资约240万元。

（5）优化3号、4号副坝接头布置，减少坝基开挖和接头工程量，节省工程投资约200万元。

（6）结合上库主坝坝后回填场地高、下游无水的地形特点，适当提高坝基排水灌浆廊道设计高程，通过预埋排水管道，实现坝基廊道渗漏排水自流，取消排水泵抽设备，年节约渗漏抽排量约3.78万 m^3。

（7）结合地下厂房布置，开展3号、4号堵头外排水自流设计优化，年节约渗水抽排量约1.24万 m^3。

4.3.2 解决围岩稳定和洞室排水难题

厂房是抽水蓄能电站的心脏，厂房选址一直以来都是勘测设计工作的重点，同时深蓄电站项目所在的地下空间还存在着已建成运行的深圳供水网络干线，特别是其中的 1 号供水隧洞与深蓄电站项目地下建筑物距离较近，这就更增加了设计难度。为此深蓄电站在进行地下厂房选址时，分阶段、逐步深入进行了细致的比选工作。

前期设计阶段，在初选中部开发方式的前提下，在上下游方向长达 800m 的范围内，拟定了 5 个厂房位置方案，研究不同的厂房位置对整个输水厂房系统和深圳 1 号供水隧洞的影响，经综合比选，选择将输水系统的下斜井、高压岔管及整个厂房系统均置于 1 号输水隧洞下游侧，使得两工程之间的相互干扰和影响最小。在长达 1.9m 地质探洞勘探完成后，又对厂房位置进行了优化调整，最后选定的地下厂房位置。根据地下洞室群的实际开挖情况揭示，无论是往东南西北任何方向移动均没有更理想的位置，特别是与输水系统中平洞强透水构造分属于不同的地质块体中，地下厂房洞壁基本干燥无水，水文地质条件最为优越，证明地下厂房选址精准且优良，节省了大量的洞室围岩加固和排水处理费用，保证了地下厂房洞室群的安全稳定和施工进度，保证了厂房良好的运行环境。深蓄电站地下厂房顶拱围岩加固见图 4-8。

图 4-8　深蓄电站地下厂房顶拱围岩加固

4.3.3 针对电站特殊位置，优化排污系统

深蓄电站下水库为供水水源水库，是深圳市供水网络的一部分，水资源十分珍贵，对水质要求高。为确保下水库水质不受电站运行的影响，又能把水量损失减到最低，深蓄电站首次提出地下厂房系统排水实现清污分排，在设计过程中，对厂房系统的所有检修用水、渗漏水、生产用水、生活用水等进行全面梳理和分析，在厂房系统内部分别设置清水收集系统和污水收集系统，分别把水引入不同的集水井。清水直接抽排入下库，不浪费水资源；污水处理达标后抽排到下库流域外，确保下水库的水质。这样虽然增加了设计难度和工程费用，但实现了水资源利用和环境效益最大化。

由于电站机组安装高程为 –5m，地下厂房系统不具备自流排水的条件。为节省工程投资，方便运行管理，实现一洞多用，深蓄电站首次提出"排水竖井 + 地质探洞"的排水布置方案，充分利用地下厂房地质探洞的自流排水功能，实现电站的半自流排水；同时，在排水探洞内布置消防备用水池，解决厂内消防备用水源问题，进一步节省工程投资。实现了水资源利用和环境效益最大化，下库达到二类水质标准。

4.3.4 优化上库石坝坝型

深圳特区土地资源有限，环境保护和水土保持要求高，工程区周边没有政策允许开采的土石料场，经反复试验论证和研究，采用工程区内的花岗岩全风化土作为大坝的防渗心墙料，坝体下游分区采用工程开挖的全强风化料。目前上、下水库均已经历正常蓄水位考验，各风化土心墙堆石（渣）坝运行正常。通过全面采用工程自身开挖料筑坝，精细的土石方平衡设计，合理地布置土石料转运场地和堆填场地，最大限度地减少了工程天然建筑材料开采量和弃渣用地，并将多余渣料用于坝后回填管理用地和绿化用地，实现不在工程区外设土料场、石料场和弃渣场，解决

了城市环境限制下的筑坝技术难题。深蓄电站上库坝见图 4-9。

图 4-9　深蓄电站上库坝

4.3.5 机电设备设计制造及机电安装工艺优化升级

（1）发电电动机转子首次采用双面加工整圆厚钢板分段式高刚性磁轭结构和配套的高强度磁极，分段磁轭采用销钉螺栓把合结构，9 段磁轭整体加工并设有穿心拉杆结构，解决了高转速下叠片式磁轭存在离心力作用下动态变形和剪切力大的难题，双面加工结构有效避免了磁轭钢板变形，提高安装精度及可靠性，

保证了高转速机组的安全、高效、稳定运行。深蓄电站发电电动机转子见图 4-10。

（2）转子引线采用局部包扎绝缘的方法，使结构更加简便，并满足安全稳定运行的要求。

（3）水泵水轮机活动导叶大小端均采用大圆头设计，优选缝隙长度，成功将水轮机工况的"S"形特性推出在电站运行范围（在 50.2Hz 情况下余量达到 37.5m），解决了该水头段水轮机工况低水头并网难题。

（4）在 428.6r/min 高转速、推力轴承设计制造难度高达 3.1 的情况下，深蓄电站首次应用单波纹弹性油箱双向推力轴承结构，自动平衡了瓦间负荷，解决了瓦间温差不大于 3℃的技术难题。

图 4-10　深蓄电站发电电动机转子

（5）通过固定加工基准、三次静平衡、多部位去重优化等手段，首次采用测感式应力棒静平衡测试方法，使抽水蓄能转轮静平衡精度达到了 ISO 1940–1G2.5 级标准，实现了转轮制造质量迈上新台阶。

4.4　结语

深蓄电站四台机组正常投入运行以来，设备健康状态良好，主要满足深圳电网调峰、填谷、调频、调相及事故备用需要。自投产运营以来，电站年发电量、抽水电量呈现逐年增长的发展态势。作为一个集抽水蓄能发电、城市供水与生态景观功能于一体的综合性项目，深蓄电站先后获评"南方电网优质工程""中国电力优质工程"，并获得"广东省五一劳动奖状""全国青年文明号""广东省档案金册奖"等荣誉，树立了行业发展的标杆典范，为资源集约型城市建设和大型水电项目的规划实施提供了宝贵的实践经验和启示。

第 5 章

梅州（一期）抽水蓄能电站
——国内最短建设工期

梅州（一期）抽水蓄能电站（以下简称"梅蓄电站"）于 2022 年 5 月投产，装机容量 120 万 kW，建设工期仅 48 个月，创造国内抽水蓄能电站主体工程建设最短工期纪录，4 号机组实现机组开关成套设备国产化，电站水库总库容位居全国第二。

5.1 工程概述

5.1.1 工程背景

广东省是全国经济社会发展快的省份之一，对电力的需求在数量和质量上有较高的要求。广东电网是以火电为主、水电、核电、西电东送等多种电源并存的电源结构形式。根据电力发展规划，未来广东电网电源组成仍以火电为主，且核电与西电东送比例加大。较高的电能需求和燃煤火电、核电及区外送电比重大的电源结构，决定了广东电网亟需优质的调峰电源和保安电源。

由全省及分区调峰平衡可知，就全省而言，广东梅州蓄能电站（以下简称梅蓄电站）能够适时减少全省的调峰缺口。就电站近区而言，电站所在粤东地区大型煤电机组较多，电源供应以及调峰容量均比较充足，梅蓄电站的功能在粤东地区难以发挥作用。而东区电网"十四五"末期典型日工况下存在约 100 万～200 万 kW 的调峰缺口，周一工况下缺口更大，梅蓄电站有助于缓解东区电网的调峰问题。另外东区的深圳、东莞等地市本地电源较为缺乏，对外区的依赖逐步增加，电网抵御事故的能力较弱。梅蓄电站供电东区电网，对于缓解东区电网调峰压力、提高负荷中心地市电网事故响应、负荷调节能力、促进西电的安全稳定运行等均有着重要意义。

梅蓄电站是国家电力发展"十三五"规划及《赣闽粤原中央苏区振兴发展规划》重点项目、广东省重点建设工程。电站主要服务于广东电网，在电网中承担调峰、

填谷、紧急事故备用任务，兼有调频、调相和黑启动任务，是电网的"稳定器""调
节器"。

5.1.2 建设规模及枢纽布置

梅蓄电站位于广东省梅州市五华县南部的龙村镇，距广州市、汕头市、梅州
市直线距离分别为 210km、120km、115km。电站装机容量 240 万 kW，分两期建设，
梅蓄一期装机容量 120 万 kW（4 台 30 万 kW），上、下水库按装机容量 240 万 kW
一次建成。设计年发电量为 15.70 亿 kWh，设计年抽水电量为 20.93 亿 kWh。枢纽
工程主要包括上水库、下水库、输水系统、厂房发电系统等部分。梅蓄电站全景图
见图 5-1。

图 5-1　梅蓄电站全景图

上水库集雨面积 4.35km²，多年平均径流量 479 万 m³。上水库总库容 4316 万 m³，
正常蓄水位 815.50m，死水位 782.00m，正常蓄水位时库容为 4102 万 m³，死库容
308 万 m³，调节库容 3794 万 m³。上水库主要建筑物包括 1 座主坝、1 座副坝及
竖井式溢洪道等。主坝为钢筋混凝土面板堆石坝，坝顶高程 820.00m，最大坝高

60.0m，坝顶长 500m。副坝为均质土坝，坝顶高程 820.00m，最大坝高 11.0m，坝顶长 53.0m。竖井式溢洪道位于主坝右侧，进口为无闸门控制环形堰，竖井直径 4.0m。梅蓄电站上水库见图 5-2。

图 5-2　梅蓄电站上水库

下水库集雨面积为 32.02km²，多年平均径流量为 3185 万 m³。下水库总库容 4961 万 m³，正常蓄水位 413.50m，死水位 383.00m，正常蓄水位时库容为 4382 万 m³，死库容 561 万 m³，调节库容 3821 万 m³。下水库主要建筑物包括 1 座主坝、1 座副坝。主坝为碾压混凝土重力坝，坝顶高程 419.00m，最大坝高 82.00m，坝顶长约 317m。副坝为黏土心墙堆渣坝，最大坝高 35m，坝顶长 233m。下水库泄洪建筑物在下库主坝身埋设直径 2.0m 压力钢管作为泄放管，出口设直径 2.0m 锥形阀控制水流下泄，表孔宽度 40.0m，分 4 孔，单孔宽 10.0m。泄放管可用于泄放水库多余水量，汛期与表孔联合泄洪。梅蓄电站下水库见图 5-3。

输水系统上、下水库进出水口水平距离约 1780m，上下水库库底天然高差约 400m，距高比 4.48。输水系统采用 1 洞 4 机布置，采用正进正出厂房方式。输水系统包括上水库进出水口、引水主洞（含上平洞、上竖井、中平洞、下竖井、下平洞）、引水岔洞、引水支洞、尾水支洞、尾水管闸门室、尾水岔洞、尾水调压室、尾水主洞、下水库进出水口等。上、下水库进出水口型式均为侧式。

图 5-3　梅蓄电站下水库

地下厂房洞室群在输水系统中属于中偏首部布置方式。厂区建筑物包括地下厂房系统和地面开关站、出线平台、继保楼及中控楼。地下厂房系统包括主厂房、地下副厂房、主变压器洞、母线洞、高压电缆洞和电缆竖井、进厂交通洞、通风系统、地下厂房防渗排水系统等建筑物。厂区地面建筑物包括：地面副厂房（包括中控楼和继保楼）、GIS 开关站以及出线平台。GIS 开关站、继保楼及出线平台均布设于地下厂房山体顶部，地面高程为 713m，场地平面尺寸为 91.37m × 44.7m。中控室布置在下水库业主办公生活区办公楼内。

5.2　项目突出亮点和特点

5.2.1　建设管理

1. 实现移民安置与工程同步推进

梅蓄电站共计 520 户、2320 人移民，是国内移民人数最多的抽水蓄能电站，征地、移民工作难度大。梅蓄业主项目部紧密依靠地方政府，在完成国家征地补偿政策基础上，想尽办法解决移民诉求，通过开展政策宣传、扶老助学等活动，征得移民的理解与支持。在主体工程开工后，在政府支持下，开创性地对下库坝、进出水口等施工区的移民进行临时搬迁安置，实现移民安置与工程同步推进。

2. 刷新国内抽蓄电站最短工期纪录

开展全方位进度管理工作，覆盖组织、技术、资源等方面，有力保障进度目标按期实现。组织方面，调峰调频公司成立梅蓄电站工程建设协调领导小组，梅蓄电站成立施工现场协调工作组，现场成立全面推进梅蓄电站工程建设的党员突击队，解决资源投入、设备供货、春节照常施工、关键线路施工任务饱和、工序无缝衔接等问题，有力的组织措施激发强大的建设积极性和潜力，确保进度有序推进。技术方面，通过梳理工程关键线路、设计技术优化、调整施工程序、采用新技术新设备等技术措施，优化关键线路工期约 7 个月。资源保障方面，开展设备供货管控、道路协调、大件运输、甲控材料供应、增加施工作业人员等措施，有力保障建设的资源投入，创造国内抽水蓄能电站主体工程开工至首台机组投产 41 个月工期纪录。

3. 统筹谋划、同期建设二期上、下水库进出水口

与一期工程下闸蓄水后建设二期工程进出水口方案相比，二期工程上、下水库进出水口与一期工程同步施工，可减少对一期工程运行的影响，减小施工难度和安全风险，节省工程投资 15765 万元；且可提高二期进出水口开挖料的利用，减少开挖弃渣，减少征占地，有利于环境保护。因此为减轻二期工程施工对一期工程运行的影响，降低二期工程施工难度，节省二期工程建设投资，将二期工程进出水口与一期工程同期建设，为实现梅蓄电站二期工程在 2025 年全部投产奠定了坚实的基础。

4. 质量关键指标优异

梅蓄电站通过有效的工程质量管控，主副厂房顶拱开挖半孔率达 97.3%、岩锚梁开挖半孔率达 98.5%，居同类工程领先水平；引进大坝碾压监控系统、碾压混凝土智能温控系统等先进技术手段，确保大坝填筑质量，下库主坝碾压混凝土单孔取出芯样合计长 44.55m，居同类工程第一，混凝土芯样最长 24.13m，达到国内同类工程领先水平。上库面板堆石坝累计最大沉降 31mm，填筑质量居同类工程领先水

平；竖井开挖质量好，贯通偏差最大 2cm，优于同类工程；首台机组稳定运行各部导轴承运行摆度均小于 50μm，开创国内机组三导轴承全面进入 50μm 的先河。同时。梅蓄电站建设过程实现了上水库蓄水、下水库蓄水、接入系统充电、水道充电、机组安装调试五个"一次成功"，赢得了业界的广泛认可。

5.2.2 技术攻关

1. 球阀国内第一次采用国产化奥氏体不锈钢缸体接力器

球阀（进水阀）接力器是抽蓄电站的重要设备，通常可采用碳钢接力器或奥氏体不锈钢缸体接力器，但球阀接力器采用碳钢易出现腐蚀，造成开停机问题影响机组运行安全，特别是在甩负荷工况下容易造成过渡过程水道压力异常不可控事件发生，奥氏体不锈钢可避免上述问题，但进口奥氏体不锈钢价格高昂。梅蓄球阀奥氏体不锈钢接力器是我国首次实现设计制造全面国产化的接力器，生产工艺复杂，制造难度高，表面粗糙度精度要求高，技术控制难度大。针对梅蓄大尺寸、高难度奥氏体不锈钢缸体接力器，梅蓄业主项目部相关专业人员联合设备厂家进行技术攻关，克服各个技术难关，成功实现从图纸设计、材料采购和工艺处理、生产制造、装配验收的全过程完全国产化，实现了进口替代。梅蓄球阀奥氏体不锈钢接力器是公司推进设备国产化的重要进展，也是公司不断总结创新、追求高质量发展的重要成果。梅蓄电站球阀奥氏体不锈钢接力器见图 5-4。

2. 国内首次采用国产化成套开关

抽水蓄能机组成套开关由发电电动机断路器、电气制动开关、相序转换开关、启动开关、拖动开关、启动母线分段开关组成，是抽水蓄能电站的关键机电设备之一，技术性能和可靠性要求非常高，设计制造难度大，该设备一直被国外极少数公司所垄断。为解决抽水蓄能机组用发电电动机断路器等成套开关设备"卡脖子"问题，打破国外技术和市场垄断，调峰调频发电有限公司联合西安西电开关电气有限公司，开展抽水蓄能机组开关技术装备的科研攻关，攻克低频特殊工况开断技术、频繁操作的高可靠性技术、承载超大峰值耐受电流和短时耐受电流、开关设备本体与监测用传感器一体化融合设计、适用于强电磁和低频振动环境下的智能监测装置研发、发电电动机断路器的综合诊断评估方法研究等技术难题并成功研制出样机。同时，在设备安装调试阶段，梅蓄业主项目部与西开电气联合编制《设备现场安装调试紧急预案》，协同各单位专业力量严格按照规程、标准对设备的安装调试进行全过程管控，最终成功实现首台国产化抽水蓄能成套开关在梅蓄 4 号机组的工程示范应用。梅蓄电站国产化成套开关见图 5–5。

图 5-4　梅蓄电站球阀奥氏体不锈钢接力器

图 5-5　梅蓄电站国产化成套开关

3. 采用转轮叶片数 9 搭配活动导叶数 22 技术方案

梅蓄电站水头变幅（最高扬程 / 最低水头）达到 1.21，为 400m 水头段最大的电站。变幅大有益于降低电站单位千瓦投资，但是给机组的设计带来很大挑战，给机组的安全性和稳定性设计带来很大挑战。梅蓄项目用定速机组解决了大变幅下采用变速机组才能解决的机组安全性和稳定性问题。为了解决水头大变幅出现的振动问题，梅蓄机组通过采用转轮叶片数 9 搭配活动导叶数 22 技术方案，优化流道设计，规避了机组内压力波传播造成的叠加问题，解决了同水头段机组的振动难题，为 400m 水头段首个采用该机型并且运行效果优秀的机组。

（1）针对高水头抽水蓄能机组转轮制造的诸多难点，如叶片数控加工控制变形难以达到一致性、焊接空间狭窄存在死角、焊接及铲磨强度大（尤其是 R 角铲磨型线控制难）、装焊误差源多且作业环境不好易影响制造质量等问题，国内主机厂家具开创性地将梅蓄转轮设计为"上冠叶盘 + 下环叶盘 +9 叶片"三大部件组焊成一体的整体结构，其中上冠叶盘先与叶片组焊，最终由上下两个叶盘装焊构成整体转轮。梅蓄转轮见图 5-6。

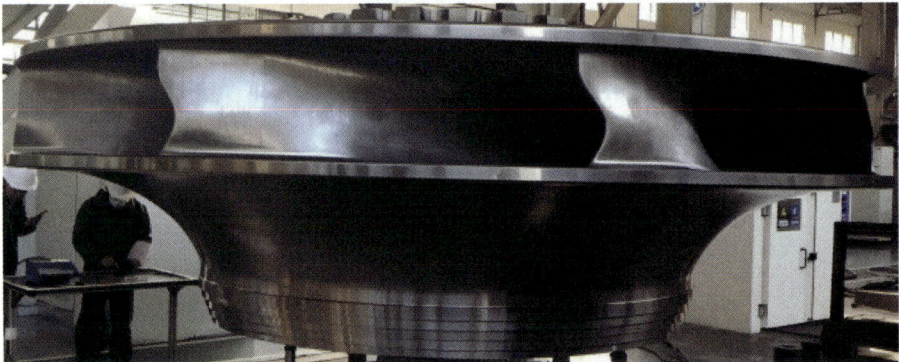

图 5-6　梅蓄转轮

（2）上冠、下环分叶盘整体锻铸，增强了转轮整体的可靠性；

（3）国内主机厂家对原设计的转轮进口边进行了"S"型优化，即将转轮直径 D_0 由原设计的 $\phi 4465mm$，优化为 $\phi 4387.2mm$，使得比值 D_1/D_0（D_1 为导叶节圆

直径 $\phi 5407mm$ ）由原设计的 1.211 增大为 1.232，这一优化措施对降低无叶区的压力脉动发挥了积极作用。

（4）梅蓄叶盘在铸造过程中，其叶片加工精度达到 ±1.5mm，优于传统单个抽蓄叶片 ±2.5mm 的加工精度。同时，也能确保叶片与上冠、下环倒角的一致性。

（5）梅蓄转轮整体结构设计能使得单个叶盘焊缝填充金属量较之完整叶片的减少 60%，由 2 条角焊缝缩减为 1.3 条平焊缝，焊材由 2t 减少至 0.8t。从而更有效控制焊接变形和焊接残余应力，整体上较大提高转轮的制造质量。同时，由于上冠叶盘与叶片焊接焊缝移至靠中间部位，改善焊接、探伤、打磨的操作空间，可实现狭窄区域的智能焊接，减少手工作业对转轮制造质量的影响。

（6）梅蓄转轮在整个投料、铸造、加工各个环节以及焊接、退火、精加工、静平衡的全过程均严格按规范要求进行多次反复的 PT、MT 及抽探比例至少为 20% 的 UT 探检并集中予以全方位消除缺陷，确保高质量达标的精品转轮验收出厂，为梅蓄电站提前投产发电创造条件。

（7）采用了平衡测杆应变片法这一先进的静平衡技术进行静平衡试验。因此，能够确保转轮静平衡达到 G2.5 的高质量标准。

4. 主轴密封结构优化

（1）在深蓄结构的基础上，吸收了其他厂家厚实支持环的设计特点，使得其与弹簧螺塞形成对筒形弹簧的良好的定位和适于调整的功能。同时，筒形弹簧下部直接定位于浮动环配置的孔槽，整个弹簧调整装置是相对均衡稳定的。

（2）汲取其他进口主机厂家系列将密封环嵌入浮动环下端面的设计，使其可以不受径向推力的影响，改善了密封环及浮动环在径向推力作用下的变形带来的隐患。

（3）新型合成耐磨树脂材料的密封环具有适应较大吸出高度和较大密封表面线速度的功能，密封环磨损后能保持原来的形状不变。梅蓄主轴密封结构见图 5-7。

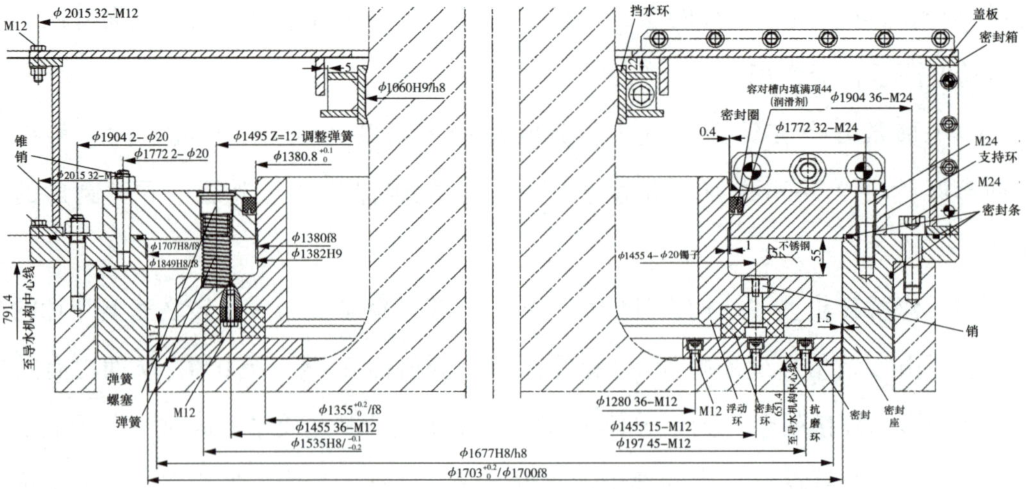

图 5-7　梅蓄主轴密封结构

5.2.3 其他亮点特点

（1）引水竖井一次扩挖平均强度达到 12m/ 天（较同类工程提高 70%）、二次扩挖平均强度达 3.5m/ 天（较同类工程提高 50%），竖井滑模混凝土滑升平均速度达 7.5m/ 天（较同类工程提高 30%），居国内领先水平。

（2）电缆竖井多孔矩形滑模混凝土滑升最大速度达 4m/ 天，居国内领先水平。

（3）梅蓄电站 1 号机组开创国内抽水蓄能机组三导轴承摆度全面进入 50μm先河。

（4）全国首台抽水蓄能机组成套开关设备在梅蓄电站 4 号机母线洞成功应用。

（5）机组应用"转轮 + 导叶"数 9+22 组合，属国内首次。

（6）梅蓄电站完成上、下水库调节库容是南方五省区抽水蓄能电站最大库容建设，国内排名第二，征地移民与工程建设同步推进，主体工程实现无障碍施工。

（7）梅蓄电站完成搬迁安置 520 户、2320 人，国内抽水蓄能电站移民人数最多，征地移民难度大。梅蓄周边环境见图 5-8。

（8）梅蓄电站 400m 水头段变幅最大、转轮开发难度最大。

图 5-8 梅蓄周边环境

（9）主副厂房顶拱开挖半孔率达 97.3%、岩锚梁开挖半孔率达 98.5%，居同类工程领先水平。梅蓄主副厂房顶拱开挖见图 5-9。

图 5-9 梅蓄主副厂房顶拱开挖

（10）梅蓄电站在国内首次在亚热带地区采用大坝遮阳喷雾系统和智能温控系统，降低仓面温度高达 10℃以上，将混凝土养护过程中内部温度控制在 30℃以下。

（11）下库碾压混凝土主坝单孔取出 2 根芯样合计长 44.55m，混凝土芯样最长 24.13m，达到国内领先水平。

（12）上库面板堆石坝填筑累计沉降 31mm，居同类工程领先水平。

（13）下库碾压混凝土主坝首次采用大跨度遮阳喷雾降温系统，有效降低仓面环境温度 5℃~7℃。

（14）砂石加工废水采用半干法生产，研制 GCJ 新型废水处理系统，实现废水零排放，居国内领先水平。

（15）主标工程土石方平衡控制精确，清表植被及表土全部用于裸露边坡和挂渣区域复绿，开挖土石方料全部用于工程建设，实现毛料清零，居国内领先水平。

（16）梅蓄电站 4 号机组在全国抽水蓄能机组中设备国产化率最高。

（17）首台机组安装调试仅用时 18 个月，创造国内抽水蓄能电站首台机组安装最快速度。

（18）主体工程开工至首台机组投产仅用时 41 个月，创造国内抽水蓄能电站最短建设工期纪录。

（19）四台机组安装调试仅用时 24 个月，创造国内抽水蓄能电站同等数量机组安装调试最快速度。

（20）高压电缆竖井是全国在运抽水蓄能电站中最大高差的高压电缆竖井。

5.3　项目建设经验及启示

梅蓄电站土建和机电安装调试工作经全面的精益改善，实现了 2021 年电站首台机组投产发电的目标，缓解广东电网电力供应紧张、调峰形势严峻、防灾抗灾能力差的局面，助推海南国际旅游岛的建设，满足人民美好生活的电力需求。梅蓄电站土建以 21 个月全面交接至机电安装转序，机电以 24 个月（其中四个月为土建向机电转序交接）完成同类型抽水蓄能电站全面投产发电目标，创造了 41 个月首机投产的佳绩，创造了良好的经济收益。项目管理成果运用在后续南网公司在建的南宁、肇庆、中洞等后续项目中，指导后续新建电站的建设管理工作。

5.3.1 土建工程设计及施工优化

1. 下水库副坝设计优化

下水库副坝为黏土心墙堆渣坝，左坝肩与主坝相连，右坝肩与单薄分水岭相连。为满足下游坝坡稳定要求，大坝左侧心墙及其下游坝基需开挖清除全部全风化层，置于强风化岩体上。而右侧部分因坝轴线偏向山脊上游，下游地势逐渐抬高，稳定性增强，心墙及下游坝基可置于全风化层上。心墙上游坝体基本置于全风化层。对置于全风化基础上的防渗心墙，基础防渗采用混凝土防渗墙。

梅蓄电站工程施工过程中对该设计进行了优化，减少了左坝肩及坝基开挖深度，取消了左坝肩挡墙，放缓上下游坝坡坡比，主副坝之间以防渗墙进行连接。减少开挖，减少回填，放缓坡比，同时确保了坝坡稳定性。

2. 输水系统设计优化

对梅蓄水道结构设计，进行了较全面的优化，包括洞室尺寸、结构衬砌厚度、配筋及灌浆设计。可研阶段仅在输水系统中的 II 类围岩段进行单层配筋设计，其余均为双层配筋。招标阶段输水系统优化为单层配筋，混凝土衬砌厚 50cm，仅下平段因为考虑 F41 断层影响，在岔管前 30m 段双层配筋，混凝土衬砌厚 60cm，仅占引水主洞 4.1%；尾水主洞 II 类、III 类围岩均单层配筋，IV 类、V 类围岩及局部夹在中间的小段 III 类围岩，考虑施工连续，为双层配筋，长度 472m，双层配筋占尾水主洞的 46%，最终还需根据开挖后地质情况进一步确定及优化。引水和尾水岔管均双层配筋，混凝土衬砌厚 80cm。经以上优化设计，招标阶段比可研阶段节省钢筋约 23%，即 3050t。输水系统招标阶段优化钢筋配置节省约 1738 万元，综合随设计深入增减工程量，输水系统招标阶段节省约 1585 万元。主要如下：

（1）尾闸室工程：优化后，宽度由 8.0m 缩小到 7.4m，岩壁吊车梁高程以上宽度由 10.2m 缩小到 9.7m，节省投资约 185 万元。

（2）尾水主洞工程：不差于Ⅲ围岩段，均采用单层配筋，为便于施工，简化隧洞衬砌厚度的划分，尾水主洞仅Ⅴ围岩段衬砌厚度为 1.0m，其他围岩段衬砌厚度均为 0.6m。取消局部超细水泥灌浆，但加强了整体普通水泥灌浆，Ⅴ围岩段加强了型钢支撑，增加了超前小导管等措施，沿线增设机电、施工埋管等量，综合节省投资约 500 万元。

（3）排水廊道工程：优化后减小廊道长度，取消帷幕灌浆 4080m，节省投资约 400 万元。

（4）上、下库进出水口箱形渐缩段末端至闸门井隧洞段工程：矩形段优化成城门洞形，钢筋混凝土衬砌厚度由 1.5m 减少到 1.0m，优化后石方洞挖、衬砌混凝土、钢筋制安、灌浆工程量有不同程度的减少，两段共节省投资约 500 万元。

3. 厂房布置安装间长度设计优化

主副厂房安装间：根据机电布置，对④机组段长度由可研阶段的 30m 缩短至 28m，优化后开挖支护和混凝土工程量减少较多，优化后减少石方开挖 1220m³，减少支护锚杆约 40 根，减少混凝土 292m³，节省投资约 28 万元。

4. 副厂房顶层通风机房设备布置优化

招标设计阶段，空调设备及排烟风管布置在副厂房顶层，由于设备较重，与地面接触面较大不能完全放置于梁柱上。当设备启动时，噪声通过楼板传导至下部，并设备本体振动使板梁结构产生共振。对工作人员健康有较大影响。在施工详图阶段，将副厂房顶层空调设备调整布置在主厂房通风洞内，坐落在实体混凝土上；将较大的排烟风机布置在排风廊道上层等人员不经常出入部位。有效解决了空调设备及排烟风管给副厂房区带来的噪声及振动问题。

5. 底部污水处理室布置优化

招标设计阶段，卫生间污水处理室设置在副厂房底部与蜗壳层同高，虽然对污水进行降解处理，但仍有可能异味发散至全主机间。另污水处理后的残留物运输至厂外均需经过厂房主要区域。对厂区环境影响较大。施工详图阶段将污水处理室设置在副厂房底层，在操作廊道左端部。污水经处理后直接从下部集水廊道从自流排水洞排出厂区。污水处理室通过操作廊道层取风，通过排风管排风至集水廊道。异味不会散布至厂区。污水处理后的残留物可通过联系廊道→操作廊道→底层排水廊道→自流排水洞运至山外。

6. 主变压器通风洞布置优化

招标设计阶段，主变压器通风洞顶部与主变压器排风机房齐平。下层与主变压器排风机房通过槽挖联系通道与主变压器排风机房联通。施工详图阶段，将主变压器通风洞整体抬高至 343.600m，底板与主变压器排风机房齐平。取消槽挖通道，并在施工期对主变压器洞的开挖提供便利。根据招标阶段设计深度，未对主变压器通风洞沿线进行围岩类别详细区分，在工程量计算中对 72.36m 均按带混凝土衬砌做工程量统计。在施工详图阶段根据地质填图，将衬砌段缩小至 29.11m。因此，主变压器通风洞延长段施工详图阶段比招标阶段预算减少约 135 万元。

7. 排风竖井设计优化

排风竖井施工详图阶段将招标阶段竖井系统锚杆 $\phi 22@1.5 \times 1.5$，$L = 3m$，外露岩面 400mm 调整至 $\phi 22@1.5 \times 1.5$，$L = 4m$，外露岩面 500mm。衬砌结构在招标阶段工程量计算时取衬砌厚度 60cm，施工详图阶段对竖井结构复核，调整至 50cm 竖井衬砌厚度。施工详图阶段较招标预算减少约 240 万元。

8. 尾闸室通风洞设计优化

尾闸室通风洞由直接与厂房通风洞连接优化成与厂房的通风系统连接，长度由 132m 优化成 85m，调整后的尾闸通风洞相对于招标阶段减少洞长约 47.2m，相应投资减少 46 万元。

9. 生活水库选址优化

生活水库原设计方案布置在进场公路上坪桥下游，库容 1.5 万 m^3，存在以下问题：此处水量主要为上游黄畲水电站弃水和区间段的降雨，受制于人，且水量较小，库容小，存在枯水期业主营地用水不足的风险；在进场公路边，水质安全难以保证；高程低，需水泵抽水，运行费较高。

通过选址优化，将生活水库位置选择在上库草席窝，库容 4 万 m^3。独立位置，不会受制于人，水量较大，库容大，业主营地用水保障性更高；上库水质安全有保障；供水管线增加不多，全线自流，总费用低。

10. 项目采用大坝填筑碾压过程数字监控

梅蓄项目实施全天候、实时、精细化地大坝填筑碾压过程数字监控，以保证施工质量完全受控，采用了基于 4G 移动通信网络与区域增强的实时动态差分技术，克服因大坝位置分散导致差分信号难以全面覆盖的难点，有效地保证了梅蓄电站上下库大坝填筑碾压质量实时监控的定位精度；提出了碾压质量实时分析技术，实现对梅蓄电站上下库大坝压实质量的实时分析，有效提高了施工质量分析效率与准确性；形成了一套针对多坝型的大坝碾压质量实时反馈控制体系，克服了人工管理粗放的缺点，实现了工程建设全过程精细化管理；提出了碾压质量实时监控信息流框架，实现现场施工信息的高效传达。

11. 优化竖井上下弯段转弯半径

梅蓄项目通过开展平洞至引水竖井转弯半径水力学研究，研究将转弯半径由 3~4 倍缩小到 2 倍洞径的可行性，大大缩短弯段长度，减小弯段施工时间，缩短水道施工直线工期约 2 个月。

12. 砂石加工系统绿色生产技术

梅蓄电站砂石加工系统通过增加"链条式刮泥系统 + 集泥槽 +DH 高效净水器"，形成"链条式刮泥系统 + 集泥槽 + 分级沉淀 + 加药系统 +DH 高效净水器"的 GCJ 砂石废水处理系统，应用于砂石加工系统，达到悬浮物 SS<70mg/L，废水零排放，回收水可重复利用。

13. 研究应用高陡边坡挂渣处理技术

梅蓄项目土石陡坡在机械和钻爆法开挖过程中容易形成挂渣，高陡土坡挂渣采用"刨穴 + 撒播草种"，高陡岩坡挂渣采用"铺设表土 + 象草种植"，对高陡边坡挂渣进行了复绿，并应用至大牌顶等裸露区域复绿，确保表土土方清零，绿化覆盖率 100%。

14. 研究应用大坝遮阳喷雾网

传统碾压混凝土大坝表面环境温控在仓面上设置淋喷装置喷水喷雾、人工洒水补充的常规工艺，工艺存在随仓面上升重新安装设置淋喷装置，作业面交叉和人工较多的缺陷。梅蓄下库为保障碾压混凝土表面养护质量，防止表面裂缝大量产生，加快施工进度，结合季节特点优化施工计划，首次在国内外亚热带地区采用了高空设置大跨度遮阳网喷雾系统，在高温季节成功将表面以上环境温控在 20℃~24℃之间，大幅度降低了表面裂缝产生。成果可推广至大型水电工程碾压混凝土坝仓面外部环境温控。

15. 研究应用岩壁吊车梁、附壁墙和网架梁同步浇筑技术

传统工艺采用自下而上方式，分三个部位开展，先浇筑附壁墙、岩壁吊车梁，后浇筑网架梁。该方法自下而上，利用已浇筑的岩壁吊车梁作为网架岩壁梁的支撑体系基础，简洁高效，节约一次混凝土等强时间。梅蓄项目进一步研究纵向分段同步备仓、上下游同步跳仓浇筑，实现了岩壁吊车梁、网架岩壁梁的快速施工，总体节约工期约 1 个月。

16. 水道竖井高效施工技术

梅蓄项目于 2020 年 9 月起，开展了竖井开挖攻坚战，通过经验总结、增加资源、推进工序无缝衔接、采用小型机械扒渣代替人工扒渣、重新规划组织气流排烟等措施，引水竖井一次扩挖爆破钻孔强度达到 15~20m/ 天、二次扩挖强度达到 3~3.5m/ 天；优化水道竖井衬砌混凝土配合比，研究并精准掌控混凝土凝固时间与滑升匹配关系，解决了滑模混凝土易堵管、脱模时间较长等难题，竖井滑模混凝土滑升平均速度达到 7.5m/ 天，较同类工程提高了 30%。

5.3.2 重要部件的装配优化

（1）强化蜗壳座环拉紧螺栓。梅蓄设计的座环锚板套管支撑架的套管长度达到 2400mm，与座环底部的距离为 883.6mm，为了强化原设计"用 PVC 管将拉紧螺杆支架套管与座环间裸露的拉紧螺杆进行包裹保护，并可靠封堵 PVC 管接缝处避免混凝土与长、短拉紧螺杆接触。"以及拉紧螺杆与螺母应考虑防松措施以及防止套管漏浆等具体措施，经优化增设上部防振捣分半钢套管对螺栓进行防护并点焊、

锁定，使得整个套管混凝土灌浆保护结构更加牢固，足以避免出现漏浆导致螺杆卡住、拉断问题，确保现场不出现返工、整个装配和混凝土浇筑工期均有效提前完成。蜗壳座环拉紧螺杆防护见图5-10。水轮机导水机构虚拟装配见图5-11。

图5-10　蜗壳座环拉紧螺杆防护

图5-11　水轮机导水机构虚拟装配

（2）激光跟踪虚拟装配技术应用。导水机构出厂验收经过论证和专家组认可，同意国内主机厂家对导水机构工厂预装采用基于激光跟踪仪三维测量的水轮机导水机构虚拟装配技术，激光跟踪测量技术可以实现高精度、高效率的三维测量，实现导水机构达到预装的效果，该方案的实施使得导水机构大幅度提前到货，为机组按期投产争取了宝贵时间，对安装工艺优化对直线工期的提前是极大的促进。

（3）梅蓄项目部借鉴其他常规水电站经验，在基础混凝土浇筑至 EL312.98m过程中预先埋设钢支墩基础，并精心设计了全部用于调整支撑蜗壳的钢支墩，这项合理化建议不但提高了蜗壳安装调整精度，还取消了原设计的钢筋绑扎、立模浇筑混凝土等施工工序，尤其是节省了原来必不可少的混凝土浇筑后的凝固期耗时，直接提前工期在 15 天以上。顶盖分瓣面把合超级螺母应用见图 5-12。

图 5-12　顶盖分瓣面把合超级螺母应用

（4）由于梅蓄机组结构设计特点，中间层混凝土施工需等底环到货后方能实施，在机组投产计划调整而底环又不能按期到货的严峻形势下，梅蓄项目部提出机坑里衬和下机架基础开槽的方案，既不影响机组结构和装配质量，又解决土建施工的卡脖子疑难问题，确保了施工工期顺利进行，直接节省工期达 15 天以上。

（5）将座环打磨加工序提前在机坑混凝土浇筑到母线层混凝土后，其时在机坑里衬上端口布置一个钢制封闭平台隔离水车室成一个封闭空间，使得施工时间约45天的座环打磨加工工序，与发电机层混凝土浇筑直至拆模平行作业而不占直线工期。

（6）针对国内主机厂家原拟将发电机轴、下机架、推力轴承依次在机坑进行装配的传统工艺，应用《发电机与下机架整体吊装》工法的建议，在安装间预埋发电机立轴法兰，定制下机架、推力轴承、发电机轴联合组装支墩并定制下机架、推力轴承、发电机轴联合吊装工具，实施了在下机架预装完成吊出机坑在安装间把下机架、推力轴承、发电机轴组装联合吊装体的工艺。由于该工序几与机坑水轮机部件安装平行作业施工，达到了优化工期约20天的预期目标。

（7）在发电机层采用敷设钢板分散集中载荷提前组装上机架的方式，使得原安排使用同一工位与转子组装流水作业的上机架装配与转子装配平行作业，并在转子吊装联轴完成后立即进行上机架安装，优化了工期约15天。

（8）用延伸管与球阀把合直接与上游引支钢管焊接的工艺，这就要求严格控制延伸管焊接工艺，按每天焊接一层的焊接速度实时监控焊接变形量，避免焊接应力集中。工艺改进后大幅缩短球阀安装时间，实现首台球阀30天即可完成安装的目标。

5.3.3 机电安装工程设计及施工优化

（1）为加快电站机电设备全面国产化进程，应用国产化GCB技术研制全套抽水蓄能机组开关设备，包括发电（电动）机断路器、电气制动开关、换相隔离开关、启动母线分段隔离开关、启动开关、拖动开关等，打破国际垄断，填补了我国该领域的技术空白。

（2）提前设定机组18kV浇注母线长直段、接口，使得弯头生产周期减少至21天，配合空运，最终控制交货期在1个月左右。提前具备1号机浇注母线安装条件，满足了1号主变压器充电的进度要求。

（3）在主变压器洞施工时采用专用平台，减少搭脚手架时间，同时主变压器等大件设备和车辆都可以通过平台下面运输，加快主变压器洞整体施工进度。

（4）敦促高压电缆安装厂家在电缆下竖井的楼板、钢制楼梯安装完成时立即进场进行脚手架搭设、支架安装，使得直线工期提前约 15 天。

5.3.4 施工器具优化

（1）引进、推广安装简捷、快速，安全稳固的承插式脚手架，使得主厂房楼板浇筑中大大缩短脚手架搭设施工工期，这一举措在 EL310 以上楼板浇筑中应用优势尤为明显，有力保障了主厂房土建施工进度。盘扣式脚手架见图 5-13。

图 5-13　盘扣式脚手架

（2）购置并采用液压冲孔设备及其配套工艺，在项目现场制作 10kV、400V 连接铜排、转子阻尼换连接片铜排等工序中解决了传统台钻划线，冲孔有毛刺，凹坑，材料变形等问题，提高工效并降低了直线工期。

（3）采用噪声小，成形好，无粉尘、效率高的新一代管路坡口机，提高工效，节约了人力和工时消耗。

（4）采用小巧灵活、切割速度快、成形精度高、操作方便的新型磁力气割设备，切实保障了蜗壳延伸段和球阀延伸段的焊接质量（焊接量也大为减少），对提高工效、提前工期明显有所促进。

（5）高空作业平台应用。抽蓄电站电缆桥架、明装管道等施工布置在厂房各层层顶，常规方式采用搭脚手架施工，梅蓄电站采用高空作业车方式施工。小高空作业操作灵活，自重轻、橡胶轮式行走对厂房装修无损害，电动环保，较传统脚手架等施工方式，效率高，大大加快了机组投产进度。

5.3.5 机组调试优化

（1）2021 年 11 月 1 日引水系统充水，2021 年 11 月 29 日达到机组有水调试条件。梅蓄首台机调试仅耗时约 1 个月；

（2）梅蓄电站调试团队合理运用新型调试理念，如首次采用 CP 方式启动机组，调剂工期至少 15 天；又如调试过程中利用备用临时水源和电源进行各系统单体调试，减少对电网系统和取水系统完建的干扰；

（3）为确保 4 号机组国产化成套开关设备安装进展，梅蓄电站联合西开公司精心组织、协调多方资源，成功地解决了国产 GCB 与前三台接口和控制回路诸多不同带来的技术重点、难点问题，创造性在主变压器充电前将机组空转起来，提前完成机组动平衡试验、调速器空转特性试验和机组过速试验。同时编制《广东梅州抽水蓄能电站成套开关设备现场安装调试紧急预案》，集结各方专业力量严格按照规程、标准对设备的安装调试进行全过程管控，为首台国产化抽水蓄能机组成套开关成功应用提供了坚实保障。梅蓄机组振摆数据见图 5-14。

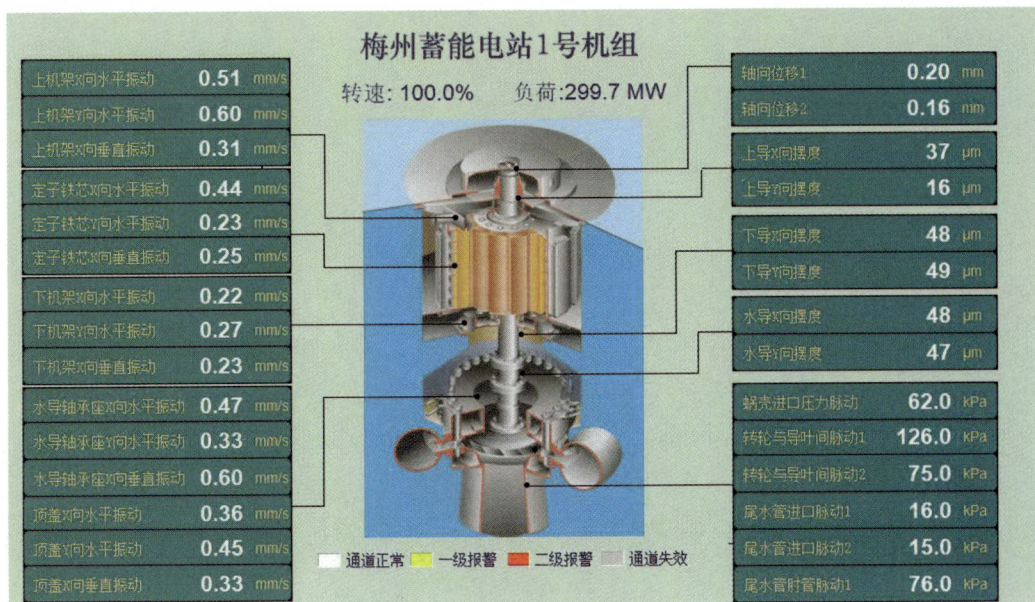

图 5-14　梅蓄机组振摆数据

5.4　结语

　　梅蓄电站一期年发电量约 15.7 亿 kWh，预计每年可为当地带来税收近亿元，相应每年可节约标准煤 17.1 万 t，减少二氧化碳排放 42.8 万 t，减少二氧化硫及粉尘排放 0.15 万 t，有效优化电网系统电源结构，降低燃煤火电调峰率，改善系统内电源的运行工况和电网运行条件，促进粤港澳大湾区核电、风电等清洁能源及西部水电消纳，进一步保障能源健康发展和电网运行的安全稳定。

　　另外，梅蓄电站机电工程仅用时 24 个月完成同类型抽水蓄能电站四台机组高质量投产发电，抽蓄电站的建设周期有了大幅缩短，对于南方电网公司贯彻落实国家"碳达峰、碳中和"战略部署，积极支持赣闽粤原中央苏区基础设施建设和产业结构优化调整，促进区域经济社会发展，携手梅州市抓住粤港澳大湾区建设新机遇具有重大的意义。